フェイスブック・ツイッター時代に使いたくなる「孫子の兵法」

村上隆英 監修　安恒 理
Murakami Takahide　Yasutsune Osamu

文芸社文庫

兵は国の大事なり。死生の地、存亡の道、察せざる可からざるなり。
故にこれを経するに五事を以てし、これを校するに計を以てし、その状を索《もと》む。
一に曰く道、二に曰く天、三に曰く地、四に曰く将、五に曰く法なり。

孫子（始計篇）

はじめに

いま、時代はめまぐるしく動いています。インターネットの発達などにより、流行りすたれなどは以前と比べ物にならないほど、サイクルが早くなっています。ビジネスを取り巻く環境の激変についていけない人間は、ふるい落とされる運命にあるといっても過言ではありません。格差社会といわれて久しく、ますます「勝ち組」と「負け組」の二極化が進むことでしょう。

その「差」をつけるものは何か？

さまざまな要素のうち、「情報」が大きく作用しているのではないでしょうか？

情報を持つ者と持たない者の「情報格差」は、そのまま勝ち組と負け組を分ける格差となっていくのです。まさにビジネスマンの生死を分ける情報戦略は、ネットの発達とグローバリズムのなかでますます重要性を増していきます。

その一方で、社会は複雑化し、情報は氾濫しています。溢れかえる情報の取捨選択、本当に必要な情報の集め方、情報をいかに役立てるか。熾烈な生き残り競争のなかで、たった一つの情報にビジネスマンの、そして企業の将来がかかっているといっても過言ではありません。

たとえば企業の商品開発。その商品が消費者に受け入れてもらえるか、どれだけ売れるものか。こういった未来予測は、いま現在あるデータ、情報をもとに立てるしかありません。そこでの読み違えは、業績を悪化させるだけでなく、企業の存亡すら危うくしかねません。限られたデータ、情報をもとに判断しなければならないのです。

ビジネスのみならず、古来、人は生き抜くために知識や情報を必要としてきました。

とくに戦争においては、情報の精度が勝ち負けを左右してきます。古代中国で誕生した兵法書『孫子』でも、情報の重要性、使い方が記されています。そのノウハウは、フェイスブック、ツイッター時代のビジネス現場でも十分に通用するものです。実際に情報戦略をビジネスに役立て成功した事例も検証していきましょう。

目次

はじめに　4

PART1　情報1　収集　15

第1節　アンテナを張って情報に敏感になる
～九地の変、屈伸の利、人情の理、察せざるべからず～（九地篇）　16

◆友人の一言で起業のヒントを得たセコム創業者　18
◆客が入らないで営業する青果店の謎　19
◆「駅ナカ」に食品メーカーが出店する目的　20

第2節　謙虚に人の意見に耳を傾ける
～必ず人に取りて、敵の情を知る者なり～（用間篇）　22

◆聞き上手に情報は集まる　23
◆先入観を捨てればヒットは生まれる　24
◆優秀なビジネスマンの過信が身を滅ぼす　26

◆「裸の王様」が会社を傾かせる 26
◆オリンパス経営陣の見苦しい言い訳 27
◆「知らないふり」経営者を裁判所が問責 28

第3節 情報収集にはコストをかけろ
～しかるに爵祿百金を愛しみて、敵情を知らざる者は不仁の至りなり～（用間篇） 29
◆組織の官僚化が情報を疎かにする 30
◆覆面調査でナンバーワンの弱点を見抜く 32
◆消費者ニーズを読み違えた多機能ビデオ機 34
◆一般家庭を訪問し製品改良のヒントを得る 35
◆机上で情報を分析しても判断を誤る 38

PART2 情報2 分析 41

第1節 物事は、あらゆる角度から見るようにする
～智者の慮は、必ず利害に雑う～（九変篇） 42

◆I am a cat　43
◆「一を聞いて十を知るな」　45
◆断片情報で全体を判断すると誤る　46
◆希望的観測がとりかえしのつかないことに…　52
◆白黒をつけては、グレーゾーンが見えない　55
◆「レッテル貼り」に惑わされるな　56
◆百科事典を売るなら、ある家に！　58
◆商品の仕入れは、先読みが重要　60
◆一時的な売り上げに惑わされるな　62
第2節　冷静な判断を下せるか
〜祥を禁じ疑いを去れ、死に至るも之く所無し〜（九地篇）　64
◆疑心暗鬼になると「幽霊が見える」　65
◆「デモ取引」と「実戦」は違う　66
◆ビジネスは「戦場」、判断ミスが命を落とす　68
第3節　行動を起こす前に状況をよく見よ

～凡そ軍を処くには敵を相る～（行軍篇） 71
◆「食べログ」やらせ問題の波紋 72
◆ネット上を飛び交う秘密情報の真偽 73
◆情報を発信する側の「意図」を見抜く 74
◆情報操作は、勝つための重要な戦略 75
◆「外」からの情報に真実を発見する 78
◆阪神淡路大震災で〝誤報〟から水不足に！ 79
◆メディアはときには、わざと「曲解」することもある 81
◆「小さなボヤを大火事にする」改ざんを見抜け 83

PART3 情報3 相手を操る 85

第1節 敵（ライバル）に誤った情報を流して混乱させる
～反間なる者は、その敵間に因りてこれを用う～（用間篇） 86
◆情報内通者を逆用するトラップ作戦 87
◆水面下で行なわれる、ライバル社の熾烈な戦い 89
◆口が軽い同僚を利用しよう 92

第2節　ライバルに、こちらの状況を知られてはならない
〜「兵は詭道なり」〜（始計篇）　94
◆「一夜」にして城を建てた？　95
◆切羽詰まった状況を相手に見せない　96
◆本音を隠す　97
第3節　敵の情報を流して「世論」を味方につける
〜故に、之を策りて得失の計を知る〜（虚実篇）　98
◆オーナーに造反した球団代表の思惑　100
◆情報リーク戦術は思惑はずれ！　101
◆情報戦を決した、長嶋茂雄氏の鶴の一声　102
◆長嶋氏らしからぬ発言の謎　103
◆勝敗を決めたオーナーの情報暴露　103
第4節　敵を欺く前に味方を欺け
〜能く士卒の耳目を愚にして、これをして知ること無からしむ〜（九地篇）　105
◆重大情報秘匿のためにダミーを使う　106

◆新製品発表の前に関係者をホテルに監禁する　107

第5節　欲している顧客にターゲットを絞る
～戦いの地を知り、戦いの日を知れば、即ち千里にして会戦すべし～（虚実篇）　108

◆ポイントカードで顧客にDM発送　109
◆ビールと発泡酒を一緒に陳列しない理由　110

PART4　情報4　虚　113

第1節　ニセ情報にダマされない
～是の故に諸侯の謀を知らざる者は、予め交わること能わず～（軍争篇）　114

◆偽メール事件になぜ民主党が欺かれたか　115
◆都市伝説を信じる人の思考回路　116
◆「空中浮揚」で信者を増やした麻原彰晃の手口　117
◆偽情報は「商売のネタ」になる　119
◆話題になると、ウソが真実になる　121

◆人間の不安心理をつくカルト商法 123

第2節　数字のレトリックにダマされるな
〜算多きは勝ち、算少なきは勝たず〜（始計篇） 124
◆世の中には「まやかし」がたくさんある 125
◆「宝くじ」広告の巧妙なレトリック 126
◆数字のまやかしにだまされない 129

第3節　情報のなかの「ウソ」を見抜け
〜近くして之に遠きを示し、遠くして之に近きを示す〜（始計篇） 132
◆自分たちに都合悪いデータは出されない 133
◆「セール」より「消費税割引」に客が殺到！ 134
◆「そんなに儲かるなら、あなた買いなさい」 135

第4節　情報を流す側の意図を探る
〜辞、卑くして備え益すは、進むなり〜（行軍篇） 138
◆ボージョレ・ヌーボーは「毎年、最高の出来」 139

◆活字やテレビ情報は、まず疑う　141
◆ヤラセ演出を見抜けば、取引先にだまされない　143
◆言葉の受け取り方は人により異なる　146
◆「公平」「中立」は存在しない　149
◆新聞記事の大きさにも「社の事情」がある　152
◆「食品偽装」が糾弾され「報道偽装」が追及されない　155
◆言わないコメントが新聞紙面に出た　157

PART5　発信する　159

第1節　相手の腹の内を探って妥協点を見い出す
～之を策りて損失の計を知る～（虚実篇）　160

◆「尖閣諸島事件」日中の駆け引き　161
◆交渉相手の弱点を徹底的に突く　163
◆身内からの反乱で失態が暴露　165
◆「意図」は簡単に見抜かれる　166
◆「意図」がないから支持された　169

第2節　自らを逃げ場がないところに追い込む
～死地には、吾れ将に之に示すに活きざるを以てす～（九地篇）　171
◆戦略を狭めて強敵を撤退させる　173
◆手の内をすべてバラして交渉を有利に進める　176
◆流した「情報」に信憑性を持たせる　178
◆「密約事件」を「女性問題」にすり替える　179
◆情報操作のために国民の税金が使われている　182
第3節　消費者に「生」の情報を伝える
～言うとも相聞こえず、ゆえに金鼓を為る。
視すとも相見えず、ゆえに旌旗を為る～（軍争篇）　184
◆売り手と買い手のコミュニケーションを充実させる　185
◆映像モニターで市場情報を流すサミット　186
◆自社のマイナスを公表することで信頼を勝ち得る　187
◆顧客を得るには、目先の利益より誠実な情報を流す　189
おわりに　192

PART1

情報1　収集

第1節　アンテナを張って情報に敏感になる

～九地の変、屈伸の利、人情の理、察せざるべからず～（九地篇）

さまざまな地形に応じた「変化」、状況に応じて軍を集中させたり分散させたりすることの利害、戦場における兵士の行動を支配するもろもろの要素については、指揮官たる将軍が細心の注意を払って考えるべきである。戦場において勝敗を決する要素は、地形に限らず、兵士の心理にいたるまで、あらゆるものが絡んでくる。指揮官は、あらゆる状況の変化を「情報」としてとらえ、勝敗にどう影響を与えるか、分析・判断を下さなければならないのだ。

情報は、戦略の方向を決定づけるものです。日本語で単に「情報」といっても、英語では「データ」「インフォメーション」「インテリジェンス」などがあります。データは、単なる「事実」そのもの。これを分析することによって、意思決定につながるものがインテリジェンスです。おうおうにして日本語の「情報」は、この境目があやふやですが、本書では情報といえば、戦略の方向付けを決定し、意思決定につながるものを指すことにします。

たとえばアメリカの中央情報局は略称のCIAという呼び方が一般的ですが、正式名称は、Central Intelligence Agency。Iはインテリジェンスの I です。対外的な諜報活動を行なっているため、機密情報ばかり集めているようなイメージがありますが、扱っている情報の大部分はオープン情報で、それらを総合し、分析して、インテリジェンスとしての精度を高め、価値を上げる活動を行なっているのです（さらには敵対国内にて、情報操作を行ない、民衆の扇動も行ないます）。

情報も、もととなるデータはたいがい誰もが入手できるものです。そのデータをどう取捨選択し、どう自らの戦略に役立てるかが大きな違いを生みます。

データを役立てるには、その人間が普段からどう問題意識を持っているか、どんな目標を持っているかによって変わってきます。自分に関わることがなければ、ニュースもそのまま聞き流すだけ。ところが、自分に興味あること、自分の仕事に関連するニュースには、思わず反応し、耳をそば立てるものです。

目的意識を強く持つことで、情報に対する感度は高まり、「情報を得よう」と能動的に動くことにつながります。

その事実に至る背景、諸要因や、裏に潜む関係性など表の事象にあらわれない事実を探ることもあります。また、起きている事象から波及する影響や効果などを推察したり、仮説を立てて検証するなど分析評価のようなことまで含めて見る目を鍛えると鋭いインテリジェンスが磨かれます。

友人の一言で起業のヒントを得たセコム創業者

日本で初の警備会社、セコムを創業した飯田亮さんは、その起業のヒントを友人のたった一言から得ます。

飯田さんは大学を卒業後、家業である酒問屋に勤めていました。しかし、飯田さんは5人兄弟の末っ子。上の兄も同じ職場にいたこともあって、「いずれ独立する」と心に決めていました。学生時代の友人で、のちに一緒に起業する戸田壽一さんと、もう一人欧州帰りの友人と会食をしていたときです。欧州帰りの友人が、「ヨーロッパには、警備を業務とする会社があるんだ」

と教えてくれたのです。独立起業を考えていた飯田さんと戸田さんにとっては、もの凄い情報でした。日本にはまだないビジネスだったため、「これだ!」と起業を決断するまで30分とかからなかったといいます。日本初の警備会社・セコム(創業当時の社名は日本警備保障)はこうして創業したのです。

「欧州に警備会社がある」との情報は、ほかの人にとっては、「ああ、そうなの」で終わっていたに違いありませんが、「独立起業する」という目標があった飯田さんは、すぐに反応したのです。

客が入らないで営業する青果店の謎

ときどき不思議な光景を見かけます。街中で、ほとんどお客が入っている様子がないのに、営業を続けている店をたまに見かけます。

あるテレビのバラエティ番組で、この謎の究明に乗り出していました。ターゲットとなったのは東京・池袋郊外にある青果店でした。映し出された映像では確かに、昼間はまったくと言っていいほどお客さんが入っていません。しかし、それでも営業を続けられているのは、それなりに理由があります。この青果店は、病院や企業の社員食堂といったところに、野菜をまとめて納入しているというのです。

実際に、お店での売り上げは、全体の1割にも満たないというのです。業績的には、店頭で野菜を売り続ける必要はまったくありません。それでもお店を開いている理由は二つあります。

「長年、お世話になっている地元に貢献したい」

「お店にやってくるお客さんを観察して、どんな野菜が求められているか、観察している」

後者は、まさにマーケティングの基礎。最終消費者の反応を見ながら売れ筋の商品などについてのデータを集めるのに欠かせません。納入先からだけのデータだけでは、十分ではないという八百屋さんの判断です。

「駅ナカ」に食品メーカーが出店する目的

新製品をいきなり市場に投入するのではなく、一部で限定販売を行ない、そのデータを市場投入に役立てるケースも多々あります。

そのテスト販売にうってつけなのが「駅ナカ」です。

それまで駅構内の小売店といえば「キヨスク」や立ち食いソバなど一部に限られていました。どちらかといえばそこでビジネスを行なうというより、鉄道利用客への利便性を考慮した施設といった色合いが強いものでした。

しかし、集客力がある駅構内で積極的にビジネスを展開しようという動きが近年高まっています。

黙っていても人が集まるだけに、場所を提供する鉄道会社も強気です。出店するには、ハードルが高くても、それでも出店希望は後を絶ちません。

たとえば駅ナカを運営する鉄道会社の関連会社は、

「新業態での出店をお願いします」

「専用の商品を並べてください」

「町中と同じ店なら出店をお断りします」

と注文をつけます。

それでも出店する食品メーカーにしてみればメリットがあるのです。メーカーにとって駅ナカは市場調査にはもってこいの場なのです。

駅ナカの運営会社は、駅ナカ限定販売を条件に新製品の共同開発をメーカーと行ないます。メーカーにしてみれば、スーパーやコンビニの売り上げに比べて駅ナカの売り上げは小さい数字ですが、顧客がどんな商品を選択するかの市場調査として使えるのです。

そこで得られたデータをもとに、契約が切れたあとにスーパーやコンビニに流通させるのです。

第2節　謙虚に人の意見に耳を傾ける

～必ず人に取りて、敵の情を知る者なり～　（用間篇）

聡明な君主や将軍が、戦いに臨んでは敵に打ち勝ち、またすばらしい戦果を上げているのは、あらかじめ敵情をよくつかんでいたからである。敵の情報は、鬼神に教えてもらうのではなく、また加持祈祷といった類のものから得られるものではない。必ず「人」を介在して得られるものである。人間の「知性」によるものこそが、情報として役立つのだ。

『論語』に「耳順」という言葉が出てきます。これは60歳を指す意味で、孔子が、「60歳になって、ようやく人の意見を素直に聞けるようになった」という故事にちなむものです。

他人からの話は、なかなか素直に聞けないものです。

「え、それは違うよ」「そんなことないよ」などと反論しがちです。年を経て、理解力が増せば、人の意見を素直に受け入れられるようになる、またはなるべきだというものです。

聞き上手に情報は集まる

人の話に耳を傾けるのは、情報を集める上で重要なポイントになります。たとえ、その話が意味のない内容、あるいは間違った意見であっても、最後まで聞くスタンスを取るようにしましょう。この姿勢がないと、情報が入りにくくなってしまうからです。

（あの人は、人の話をちゃんと聞いてくれる）という印象を周囲に与えれば、人は情報をもたらしてくれるものです。

『孫子』は、情報に対してコストを惜しむような指揮官は、人の上に立つ資格がないとまで断じています。情報不足で戦いに負けてしまっては、それ以上の損失を被り、人民や兵士を苦しめるからです。

これは企業経営にも当てはまります。

たとえば、情報不足から来る不祥事とそれに対して拙い対応。それこそ企業の命取りにすらなりかねません。

❖先入観を捨てればヒットは生まれる

組織のなかでも上のほうへいくほど、社員たちとは「目線」が違ってきます。立ち位置が違えば、一般の顧客のニーズと経営者の考えに開きが出てしまいかねません。

そこで企業トップのなかには、会長室、社長室を持たない人もいます。社員とトップの間に仕切りがあると情報が伝わりにくいということがあるからです。

たとえばセコムには、普通の会社にありがちな堂々とした会長室がありません。会長の飯田亮さんは、企画部や海外部門といったセクションを少しだけ仕切ったコーナーに座って、いつでも気軽に平社員に声をかけています。上下のコミュニケーションをスムーズに取れるようにしているのです。

平社員と同じ立ち位置、同じ目線という考え方は、会議にもあらわれています。セコムの会議は、上の者が一方的に意見を言うスタイルではなく、会長はじめ経営陣が、社員たちの意見をじっくり聞くというスタイルになっています。

経営の神様・松下幸之助さんの義弟で三洋電機を創業した井植歳男さんも同じ考えの持ち主。井植さんの口癖は、

「オレは白紙だ。何でも聞かせてくれ」

相手が平社員でも、口を挟むことなくじっと聞き入る姿勢を貫きました。そして、ある社員が、「噴流式洗濯機」のアイデアをとうとうと話し出します。それまで三洋電機は「撹拌式洗濯機」に莫大な投資を行なっていましたが、「噴流式洗濯機」のメリットを聞くやいなや、「よし、ウチは噴流式で行こう」と即決します。

1953年に開発された噴流式洗濯機は大ヒット、一躍、三洋電機を有名にしました。

飯田さんや井植さんのように、人の話に耳を傾けるときは、まず先入観を捨てなければなりません。白紙の状態で相手の話を聞けば、情報に対する分析、判断も正しく下せます。何より、相手も情報を伝えやすくなります。

また企業のトップともなれば、ほかの社員より経験も知識も豊富なはず。どうしても社員たちを「上から目線」で見てしまいがちです。これもいい情報に対し、大きな「障壁」となってしまいます。

❖優秀なビジネスマンの過信が身を滅ぼす

本田技研工業を「世界のホンダ」に育て上げた本田宗一郎さんも次のように述べています。

「自分の成功は、自分がいろいろなことを知らなかったからです。知らないことは、周りの専門家に聞けばいいんです。相手も、頼られるということはうれしいものです。また、何でも知っているということなんて、たかが知れているんです。世界には45億（当時＝著者注）の人間がいるんです。いくらたくさんのことを知っていても、45億人のことができるわけがありません」

優秀な人間は「オレは何でも知っている」「自分は何でもできる」と錯覚しがちです。これは、新しい情報を得るのに、大きな障壁となっているのです。

❖「裸の王様」が会社を傾かせる

大企業になれば、トップと平社員の間には、天と地ほどの開きが出てきます。いかに社員たちの声に耳を傾けるかに腐心する経営者も多くいます。

その一方で、自分の腹心を「イエスマン」ばかりで固めてしまい、自分に都合の悪い情報を伝える部下を排除してしまうケースがあります。そのためトップが

「裸の王様」になり、大事な情報が入手できなくなってしまう危険があります。

過去に破綻した企業、問題を起こした企業、不祥事を起こして引責辞任した社長など、多くの事例で、このトップの「裸の王様」が出てきます。

京セラの創業者で日本航空の再建にも取り組んだ稲盛和夫さんは、とりわけ社員とのコミュニケーションを大事にした人です。社員が1000人、2000人に増えてからも忘年会や新年会といった機会をとらえては社員一人一人と会話を重ねていました。

酒に弱い稲盛さんでしたが、あるとき1週間ぶっつづけで忘年会に出席。それも洗面器持参で吐きながら対話を続けたといいます。

オリンパス経営陣の見苦しい言い訳

長らく不況が続き、企業経営も苦しくなってきています。こういう時代こそ、強いリーダーシップを発揮する経営者が求められます。それこそ一度決断したら何が何でもやり抜くというトップダウンの経営方針です。

しかし下からの意見に耳を貸さないというのではありません。すべて社内の情報、社員の気持ちを把握した上でのトップダウンでないと、経営はうまく機能しません。現場を知らない経営者が、何かしら新事業を始めよう、社内改革をしようとしてもうまくいくはずがありません。

本原稿を執筆中にもオリンパスの「損失隠し」事件が盛んに報道されています。歴代の社長が、その社内の不祥事をどこまで知っていたかも大きな焦点になっていますが、かつての企業トップはおしなべて「知らなかった」と主張しています。

しかし、巨大な損失とそれを知らなかったという言い訳が通用するものでしょうか。オリンパス事件は、今後の経過を注視しなければなりませんが、過去の企業内不祥事で見てみましょう。

「知らないふり」経営者を裁判所が問責

たとえば平成2年から11年にかけて行なわれた神戸製鋼所の総会屋利益供与事件。株主が訴訟し平成14年に和解が成立していますが、このとき神戸地方裁判所は異例の「所見」を出しています。その内容は、

「仮に元会長らが総会屋に対する利益供与を知らなかったとしても、トップがそのような犯罪行為を知らないということ自体、内部統制制度の不備が存在する。知らなかったということは、何ら責任を免除する理由にならない」

というものです。トップに立つ者は、部下たちの行動をしっかり把握し、また情報が伝わりやすいような環境を作っておかなければならないということです。

第3節　情報収集にはコストをかけろ

～しかるに爵祿百金を愛しみて、敵情を知らざる者は不仁の至りなり～（用間篇）

戦争はときには数年にもおよび、敵との対峙が長引けば、とてつもない浪費が待っている。そのような状況にあって、敵情を探るための諜報活動に携わる者に、地位や報償を与えるのを惜しむのは、とんでもないことである。とても大衆を率いる将軍とはいえず、君主の補佐役としても務まらず、戦いにおいて勝利をおさめることもかなわない。戦争における情報は、まさに千金の値があるので、そこに労力をかけるのを惜しんではならない。

よく日本は〝スパイ天国〟と揶揄されます。日本人は、よほど「性善説」がお気に入りなのか、ライバル企業や外国は、「スパイ行為」はしないという前提に立っているような気がしてなりません。情報漏えいに対するガードも甘く、また官庁や軍需産業に対するハッカー攻撃があった際も、その点が指摘されました。

戦争時においても、「敵を知らず」で無茶な戦いを仕掛けたのが、太平洋戦争。国力の比を考慮すれば、勝ち目の薄い戦いでしたが、日本は戦争に追い込まれました。敵情を知ることに怠慢だったのは、世界の列強に名を連ねたことによる油断と驕りがあったというのはいい過ぎでしょうか。

関係国の歴史・風土、民俗・習慣などに基づく志向性などの研究を踏まえて、どう対峙するかという観点が不足しており、これは現代日本の政治における力量不足にもつながっているようです。

❖組織の官僚化が情報を疎かにする

『孫子』は、敵の情報を集めるのに、コストを惜しむなと強調します。戦争では莫大な戦費がかかり、さらに数多くの人命が危険にさらされることになります。そのため戦いを進めるためには諜報活動にはコストをかけるのが、優秀な為政者であり、指揮官であると言っています。

太平洋戦争では、軍組織が自己肥大化し、驕りが軍を支配していました。そのため、相手を知ろうという「謙虚」なスタンスが欠けていた側面もありました。

しかし昭和の戦争にいたる前の戦争では、日本も諜報活動には力を入れていました。とくに日露戦争では、強大なロシアを相手にするということで、「日本人スパイ」が活躍しています。

有名な「スパイ」としては、レーニンと接触し、ロシア革命の後押しをした明石元二郎、そしてユーラシア大陸を単騎横断した福島安正がいます。この二人はその功績を認められ、高く評価されていますが、ほかの多くのスパイはその功績を評価されず、名も残さずに消えています。

やはり諜報活動で中国大陸で活躍した人物に石光真清という軍人がいます。その手記が後世になって世に出たため、あらためて評価されることになりますが、不遇な晩年を送ったようです。軍籍を離れて民間人として活動に従事したため、軍には戻れなかったのです。

石光の上官は、のちに首相まで上り詰める田中義一。田中は、石光の前で嘆いてみせます。

「日露戦争後、日本軍は組織として官僚化してしまった」

この官僚化してしまった日本軍が、昭和に入って暴走し、日本を破滅の一歩手前まで追い詰めたといってもいいでしょう。

昭和に入っても諜報活動の重要性については、日本軍部も認識していました。その象徴が、諜報、防諜の教育機関として設立された陸軍中野学校です。

優秀な諜報部員を輩出したとされていますが、ただ軍部の上層部と日本政府の国際情勢に対する情報感度はお粗末で、それが外交に如実にあらわれた結果が日本国土を焦土にしたと言ったら言い過ぎでしょうか。

対日戦争を決意していたアメリカ大統領・ルーズベルトの真意を見抜けずに無謀な太平洋戦争突入を余儀なくされ、終戦時も、すでに対日参戦を連合国と密約していたソ連の動向をつかめず、そのソ連を通して「名誉ある終戦」＝講和条約締結を模索していた政府の失態がそこにあらわれています。

日露戦争、第1次世界大戦をくぐり抜けたあと、「敵を知る」という外交や戦争の基本が疎かにされていたのです。

覆面調査でナンバーワンの弱点を見抜く

ナンバーワンという立場に立つと、どうしても気が緩みがちになります。敵（相手）を知って、有利に戦おうという「謙虚」さが薄れるといった側面があります。

これに対し、ナンバー2以下の弱者は、強者にどう立ち向かうかということが重要な命題になるため、素直に相手に学ぼうとするスタンスを忘れません。

かつて写真用フィルムで業界ナンバー2だったコニカ（現コニカミノルタホールディングス）。1970年代にライバルの富士フイルムが、莫大な広告費を投じて知名度を上げる前までは、ナンバー1のシェアを占めていました。

ナンバー2に転落してからは、再びナンバーワンに返り咲くことはできず、たびたび経営危機にも見舞われています。そこで写真フィルムに頼りすぎたことを反省し、コピー機の開発に乗り出します。

しかしコピー機の分野では、富士フイルムの子会社が市場の大部分を押さえていました。そこでコニカ（当時の社名は小西六）は、当時としてはユニークな覆面市場調査に乗り出します。

社員が市場調査員を装い、新宿や丸の内などのオフィスを訪問し、「市場調査会社の者ですが、いまお使いになっている複写機に対し、ご不満はありませんか」と尋ねて回ったのです。さらに実際にコピー機を使っている様子を見て回るという念の入れようでした。こうしてライバル社の商品を徹底的に研究し、ユーザーの意見を自社の商品開発にも活かしたのです。

コニカは、ライバルに写真フィルムでナンバーワンの地位から蹴落とされた体験を忘れず、謙虚なスタンスで「敵を知る」ことにこだわったのです。これがナンバーワンの立場であったら、油断や驕りのため、ここまでできたかどうか疑問です。

❖消費者ニーズを読み違えた多機能ビデオ機

デフレが続き、モノが売れない時代と言われて久しくなっています。モノが売れないのは、一つには、「欲しいモノがない」という大きな要因があります。モノが行き渡ってしまった「需要の飽和」となっているのです。

かつてはモノを作りさえすれば、必ず売れるといった時代がありました。1950年代後半には、家電の「三種の神器」――テレビ、洗濯機、冷蔵庫が飛ぶように売れました。

ひとたび家電製品が普及してしまうと、製品の高品質化など改良を加えることで、さらに需要を喚起しようとします。新たな価値観を持った製品を生み出す必要があるわけです。

しかし、高品質化など新たな消費者ニーズを喚起しようとしたとき、その方向性を間違えて失敗するケースも目立ちます。

かつて家庭用ビデオ機が普及し始めたころ、さまざまな機能を搭載したVHSデッキが市場に出されました。たとえば録画した画面を分割する、録画を続けながら過去のシーンを再生する、録画した画面をクローズアップするといった機能です。

しかし、消費者ニーズに合った機能とはいえませんでした。かえって多機能が使い勝手を悪くし、もっと単純に録画・再生できればいいという声があちこちで聞こえたものです。事実、多機能製品に対抗して発売された録画・再生のみの単純な機能に限定されたビデオデッキが発売され、ヒットしました。

この多機能製品は消費者ニーズに合わせたというより、開発担当した技術者の自己満足から生み出された側面が強いのではないでしょうか。

一般家庭を訪問し製品改良のヒントを得る

企業の会議室や研究室のなかであれこれ議論しても、消費者ニーズを探ることはできません。そこで各企業は、消費者ニーズを探ろうとあの手この手を使っています。

歯磨きなどといった日用雑貨品を扱うライオンは、消費者ニーズを探るため「消費者行動研究所」という部署を設けました。日用雑貨品は、もともとマス・マーケティングに向いた商品です。つまりターゲットを細分化することなく、老若男女すべての買い手を対象に商品を開発、販売しています。しかし、生活スタイルは多様化し、さらに「モノ余りと情報の氾濫」によってより細かく市場をセグメントしなければならなくなってきました。消費者行動研究所の社員は、一般家庭を訪問し、生活行動をじっくり観察します。

「掃除はどのように行なうか」

「洗濯はどのように行なうか」

インタビュー担当、ビデオ撮影をするカメラマン、そしてメモを持った観察者の3人で2時間ほど訪問先に滞在します。家族構成や部屋の間取りまでチェックし、社に持ち帰ります。

こうして集めたデータをもとに製品の改良を行ないます。研究所には「模擬ルーム」を設け、そこでモニターとなった消費者に製品を使ってもらいます。それこそパッケージのはがし方といった細かい点までチェックしながら消費者ニーズを探ります。

消費者のニーズを探るというのは、まさに商品・サービスの売れ筋を掘り当てることになります。

一般に家庭を対象とした市場調査には、次のような手法があります。

・冷蔵庫の中を見せてもらい、何が入っているかを調べる。

・スーパーで買い物をしたレシートを購入日には必ず送ってもらう。（一定期

間）
・タンスの中を見せてもらう。（百貨店などが行なう）
・毎日の献立を教えてもらう。
・実際に家で調理の様子を見せてもらう。（特に調味料の使用状況）
・極端な例では、ごみ袋の中を調べる。（地域でどのスーパー、コンビニが強いか、弱いかを調べる。今では、ほとんど犯罪行為に近いかも）
または、集合調査、グループインタビューなどで……、
・使用している化粧品を持ってきてもらい、設けた場で実際に化粧をしてもらう。
など。

隠れたニーズを探り当てたビジネスに、運転代行業があります。

１９８０年代、道路交通法改正で飲酒運転の取り締まりと罰則が厳しくなったことから、飲酒時の運転代行業が起業されました。さらに２００２年に飲酒運転の罰則がさらに厳罰化されたことにより、新規開業や業務拡大の動きが広がっています。

世の動きに敏感であれば、ニーズをつかむことができます。

余談ですが、次のような４コマ漫画がありました。運転代行業の隆盛を見て、

マンガの登場人物が新しいビジネスを始めます。しかし、お客さんが来ない。「なんでだろう」と首をひねるシーンの背景に「飲酒代行業〜安心して運転できます」の看板。まさにニーズを読み違えた笑い話ですが、これを笑えない「ニーズの読み違い」が現実にはあるのです。

❖机上で情報を分析しても判断を誤る

情報は、できるだけ現場に近いところから集めなければなりません。かといって現場だけでは、全体を俯瞰することができないため、全体像を誤ってとらえてしまうケースが出てきます。

「無洗米の売り上げが伸びている」

というニュースがテレビで伝えられました。米を炊くときは、その前に研ぎ洗いしなければなりませんが、無洗米は炊くだけで食べられるようにした米のことです。ニュースを読み上げた女性キャスターの横で、ネクタイを締めた男性解説員がしたり顔で、

「主婦の間でも環境に配慮しようとする意識が芽生えている」

と「解説」して見せたので、私は驚きました。

私も当時一人暮らしでしたので、たまに自炊してご飯も炊いていました。無洗

米も割高でしたが、米を研ぎ洗いする手間が省けるので、重宝していました。

確かに無洗米のメリットは、研ぎ洗いする手間が省ける以外にも、研ぎ汁の環境への負荷を減らせるというのもありました。

私も環境問題にはそれなりに関心を抱いているつもりでしたが、無洗米を使う動機は、あくまで「手間が省ける」でした。私は自身の環境に対する意識が薄かったのか、と反省もしたりしましたが、疑問も残りました。

（果たして、世間の人は、環境問題に考慮して無洗米を買っているのだろうか？）

その疑問を抱いた後からしばらくの間、会う人ごとに「無洗米を使っているか」「なぜ、無洗米を使っているか」を聞いて回りました。

「無洗米を使っている」という人に出会ったのは、十数人くらいでしょうか。無洗米を使っている理由で、環境に配慮しているから、と答えた人は一人もいませんでした。無洗米が環境にいい、ということを知らない人も多くいました。

わずか十数人のサンプルですから断定はできませんが、無洗米を使っている動機の第一は、「研ぎ洗いの手間が省ける」なのです。男性解説員は、おそらく炊事などほとんど経験がなく、また無洗米に関するマーケットデータも持たず、単に机上での想像だけで意見を述べたのでしょう。

現場の声を聞かずに、ニーズをつかむことの難しさがそこにあります。

PART2

情報2　分析

第1節　物事は、あらゆる角度から見るようにする

～智者の慮は、必ず利害に雜う～（九変篇）

優れた指揮官が、戦況を判断する際に、問題の利点と不利な点の両面を合わせて熟慮するものだ。利点となる要素を考慮に入れているからその作戦は狙い通りに達成させることが可能になる。不利となる要素を考慮に入れているから、どんな困難をも打ち破ることができる。近隣諸国を屈服させるには、彼らにどれだけの損害が及ぶかを思い知らせる。そして思い通りに動かせるには、飛びつきたくなるような利益を示せばいいのだ。

戦場では、あらゆる状況の変化が起こり得ます。この多様性と複雑な変化のなかから、指揮官は、最大の利益を得るように行動しなければなりません。状況判断を行なうに当たっては、有利な点、不利な点の双方について考慮するようにします。

本質を見誤らせ、状況判断を誤らせる要素はいくつもあります。

❖ I am a cat

「I am a cat」

たまに若い出版関係者の前で話をさせられたりするときなどに、この英文をホワイトボードに大書して、「これを何と訳す？」と質問してみます。前の席に座っている人を指すと、たいてい、

「私はネコです」

という答えが返ってきます。もちろん正解です。

2～3人に尋ねると、3人目あたりでは、同じ答えを出しながらも自信なさそうな表情になります。そのとき、とくに男性に問いますが、「キミ、いつも友だちと会話するとき、自分のことを『私』と言うの？」と意地悪な問いかけをします。

会場は、(なるほど、そういうことを言いたかったのか)といった雰囲気になり、次の人に「キミならどう訳す?」と、

「そうですね、目上の人に対しては、『私はネコです』といいますが、友人間なら『ボクはネコなんだ』とかいう言い方をしますね」

などと自信満々に答えたりします。

私は、「でも、ネコなら、そんな人間の言葉はつかわないよね」などと笑いを誘いながら、「実は、キミたちの答えは、どれも間違いではないんだけど、一番欲しかった答えはこれなんだ」と次のように書きます。

「吾輩は猫である」

会場には(あ〜、なんだ……)という雰囲気が流れます。「吾輩は猫である」とこれまでストレートに答えた人は、皆無といっていいでしょう。

しかし、「吾輩は猫である」を英訳してみろ、と質問したら、おそらく10人が10人とも、「I am a cat」と回答するでしょう。

『吾輩は猫である』という夏目漱石の小説は、誰もが知っているにもかかわらず、I am a catが「吾輩は猫である」というフレーズの英訳であるとは、なかなか思いつかないものです。

「一を聞いて十を知るな」

続いて、次のように書いて、和文にしてみなさい、と質問します。

「To be, to be, ten, made, to be」

私が、この問題を知ったのは30年以上も前。有名国立大学の入試に出た（真偽のほどは定かではありません）というふれこみで質問されました。

会場は静まり返ります。誰も口を開きませんが、しばらくすると1人2人、解く人が出てきます。

正解は、

「飛べ、飛べ、天まで飛べ」

私は、「この英文を和訳しろ」とは一言も言っていません。しかし、先入観で「To be, to be, ten made, to be」を英文と勝手に思い込んでしまうのです。とくに先の「I am a cat」を和訳しろという質問のあとだけに、効果的だったのかもしれませんが。

このように人には思い込みや先入観があって、情報を誤って解釈してしまうことがおうおうにしてあります。

情報を正確に分析し、全体像を誤って解釈しないようにするためには、あらゆる角度から物事を観察するようにしなければなりません。

「一を聞いて十を知る」という言葉が孔子の『論語』にありますが、これも時と場合によりけり。一を聞いて十を知るというのは、頭の回転が速く、理解力があることのたとえですが、「一を聞いて十を誤る」ようなことにならないようにしなければなりません。

余談ですが、孔子様も「私も一を聞いてせいぜい二を知る程度」とおっしゃっています。データをできるだけ多く集め、あらゆる角度から精査するようにしましょう。

偏った角度からしか物事を見ず、あるいは断片的なデータのみで全体像を把握しようとすると大きな判断ミスを犯すことになりかねません。

断片情報で全体を判断すると誤る

ここで再び、質問です。左の図1の絵は何をあらわしていると思いますか。

「皿の上のオハギ」

「天気図記号の〝霧または氷霧〟」

「目玉おやじの頭」

など、さまざまな答えが返ってくることでしょう。

図１

図２

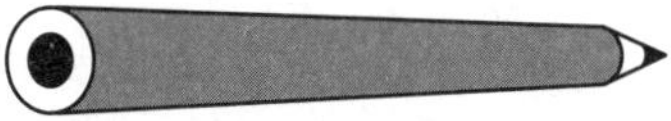

図３

このデータだけでは、回答がいろいろ出てくるのは仕方ありません。もし、これが立体的なものでしたら、角度を変えて見ることで「正体」が分かります。たとえば、視点を変えて図2のように見えれば、「色鉛筆」ということになります（普通の鉛筆は六角形）。

あるいは「皿の上のオハギ」なら図3のように見えます。

角度を変えて見るだけでなく、「背景」や「前後の流れ」から判断できるケースもあるでしょう。

もし天気図の上に図1の絵が載っていれば、「霧または氷霧を示す記号」ということになります。

たった一つのデータだけでは、正確な全体像はつかめないのです。

先に挙げた「I am a cat」を和訳しろという問題でも、

「英訳された日本の文学作品のタイトル名」

というヒントがつけば、多くの人が、

「吾輩は猫である」

と答えたでしょう。

ちなみに本書執筆中に、テレビのクイズ番組をやっていました。

英訳された日本の文芸作品の英文タイトルを挙げ、その原題を当てるクイズが出されました。そこに「I am a cat」と出題され、解答者は「吾輩は猫である」と即答しました。

さらに質問です。

次頁の図4、三つの点（A　B　C）は何を示していると思いますか。

これだけでは何もわかりようがありませんが、とりあえず3点を直線で結んで、「三角形」と回答する人もいるでしょう。

しかし、図5の「三角形」は、「3点を直線」で結んだに過ぎません。3点を3本の直線で結ぶというのは、なんら必然性もないのです。

図6のように「正方形」「円」の一部かもしれません。

つまり3点だけで全体像を知ろうとするには、あまりにデータ不足。A－B間、B－C間、C－A間のデータが、致命的に足りないのです。

そこで、ABC以外のデータを集めてみました。3点以外の点をもっと集めてみると、図7のようになりました。

この点をつないでいくと、おそらく「四足歩行の脊椎動物」の姿が浮かび上がってきます（図8）。

しかし、それでも「何という動物」かまでは特定できません。馬なのか豚なのか、それとも羊か。顔の部分が欠けているため、特定できません。

図4

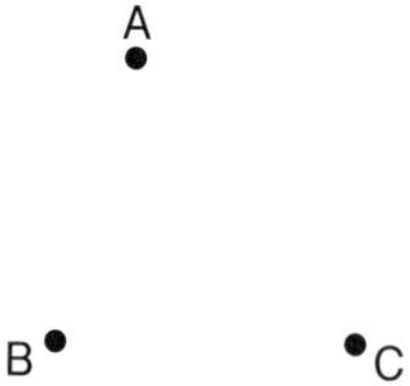

図5

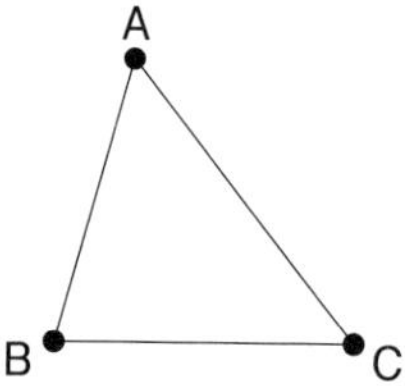

図6

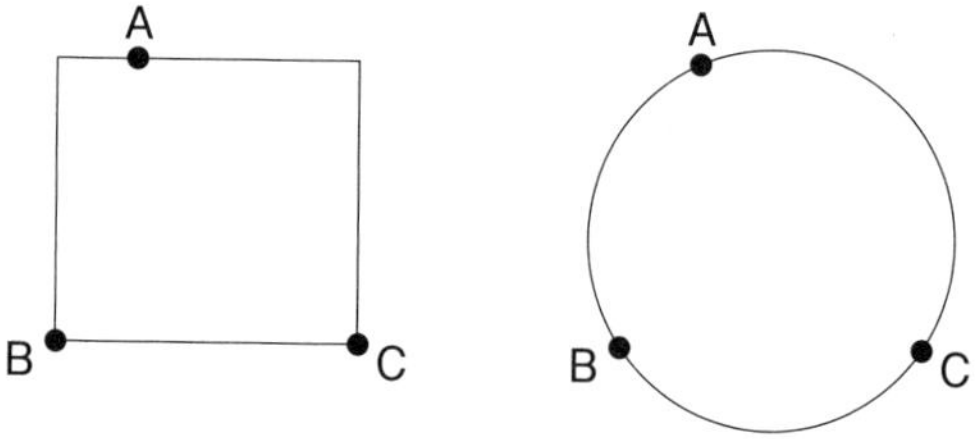

図７

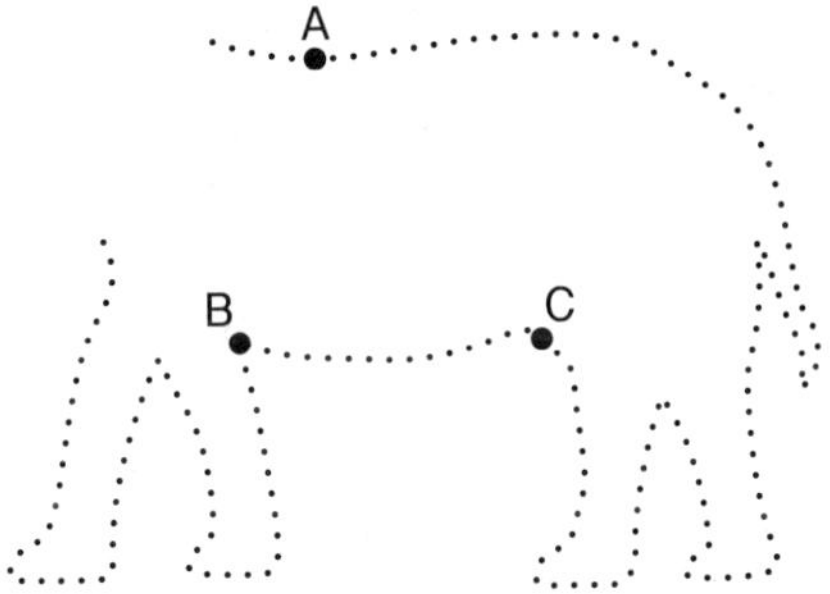

図８

「四足動物」の「頭」の部分のデータが揃えば、どういう動物かも特定できます。頭の部分から上に首が長く伸びれば、「キリン」、鼻が長く伸びれば「象」というように全体像がはっきりします。

❖希望的観測がとりかえしのつかないことに…

全体像がまだはっきりしていない段階で、ある意図でもって、足りない部分のデータを自分勝手な解釈で補うケースがあります。正確な全体像をつかめなくなりますが、それでも自分の希望的観測であったり、あるいは正確な情報そのものを歪める目的で行なわれたりするようなことがあります。

自らの立場を有利にするため、あえて誤った情報をねつ造する目的です。その最たるケースが、いわゆる「冤罪」です。

犯罪に対し、検察や警察は証拠を集め、犯罪の全体像をつかみながら犯人を逮捕・起訴します。

動かぬ証拠を捜査当局がつかめば犯人の特定は難しくありません。しかし、確たる証拠がないときは、いくつかある物証や状況証拠を集積して全体像を把握します。

その段階で、不足するデータ部分の読み違いから冤罪が生じるケースがあります。

点をつなぎ、「四足動物」というところまで全体像をつかみながら、肝心の頭部が描ききれない状況です。そのようなとき、捜査官は事件の「ストーリー」を描き、犯人像を想定するケースがあります。いわゆる「見込み捜査」です。

証拠が足りない部分、すなわちデータ不足で、「四足動物」の頭部が足りない部分は、自白を強要したり、ときには証拠をねつ造したりします。足りない「頭部」のデータを、「キリン」と決めつけ、勝手に（恣意的に）点を描くのです。その後、「四足動物」の「象の鼻」の部分を示すデータが出たとしても、無視する、あるいは証拠隠しをしたりするのです。

たとえば「足利事件」。

1990年に栃木県足利市にあるパチンコ店の駐車場から4歳の女の子が連れ去られ、近くの河川敷で遺体となって発見された事件です。

目撃情報があったにもかかわらず警察はその情報を軽視し、「独身男性で子どもが好き」という犯罪者プロファイリング（犯人像を描くこと）にのっとった聞き込み捜査に重点を置きます。

そして捜査線上に浮かび上がったのが、のちに誤認逮捕され無実の罪で17年間もの間、不当に拘束された菅家利和さん。

しかも菅家さんには前科・前歴はなく、それどころか尾行中の刑事が「立ち小便一つしない」と表現したように人並み以上にモラルを守る人物だったとされています。警察は、菅家さんのDNAサンプルを菅家さんが出したごみ袋から採取しますが、指定日、指定場所にきちんとゴミ袋を出す姿勢に、警察は、

「警戒心の強い男」

というように歪曲した人物像としてとらえます。

そして当時、まだ確実性に乏しかったDNA鑑定と、強要した自白だけで菅家さんを犯人扱いにしてしまったのです。

その間、菅家さんを犯人とするには不利な目撃証言に対しては、

「正直言ってアンタの証言が邪魔なんだ」

と証言者に証言の撤回を強要し、調書も勘違いに書き換えられたのです。

このように情報が勝手にねつ造、改ざんされ真実が歪められるのが「冤罪」を生む原因となっています。いま検察の捜査のやり方に世間の疑惑が高まっており、そのほかにも冤罪が数多くあるのでは、という疑いの目が向けられています。情報を正確に把握するには、素直で謙虚な姿勢が求められます。

人間のやることや判断には、思い込みや勘違いがつきものです。その前提を

しっかり自覚しておくことです。

❖白黒をつけては、グレーゾーンが見えない

状況判断を誤る要因の一つに、「思い込み」や「先入観」があります。その思い込みや先入観を生み出す原因の一つに、「二分法」あるいは「二項対立」の思考法が人の思考のなかに染みついていることが挙げられます。

「○か×か」
「白か黒か」
「イエスかノーか」
「全てかゼロか」

といった二者択一の選択肢しかないという思い込みです。

世の中の価値観はますます多様化しています。複雑化しているなか、この二分法の考え方は、情報分析、あるいは状況判断において大きな誤りを犯すもととなります。

「○か×か」だけで考えると、□や△の存在はどうなるのかとか、「白と黒」の間には、「グレー」が存在するとかいった問題が生じます。

○が絶対に正しいと思い込んでいる人間には、○以外の人間はすべて×にしか

見えないのでしょう。それこそ□や△も×に見えかねません。白の人から見れば、白以外の青や赤、グレーもすべて黒に見えてしまうことでしょう。

「自分は、そんなバカな考え方は持っていない」という人でも、たとえば、「右翼か左翼か」「正義か悪か」といったカテゴライズをすることはあるでしょう。いまの時代、右翼とか左翼という時代でもないと思われますが、それでも「アイツは右翼だ！」とか、「悪の枢軸」とかいったカテゴライズをすることはあるでしょう。

このカテゴライズが問題で、多様性を無視して偏見に基づく単純化、矮小化が横行している点に注意しなければなりません。

「レッテル貼り」に惑わされるな

カテゴライズは、対立する相手を「ワンフレーズ」で表現し、ステレオタイプに押し込む、いわば「レッテル貼り」になるので注意したいところ。このレッテル貼りは多分に偏見が込められたりしているので、鵜呑みにはできません。

たとえば、強いリーダーシップを取る人間を、ときには「独裁者」などというレッテル貼りがあります。

●黒と白の間には無限の灰色が存在する

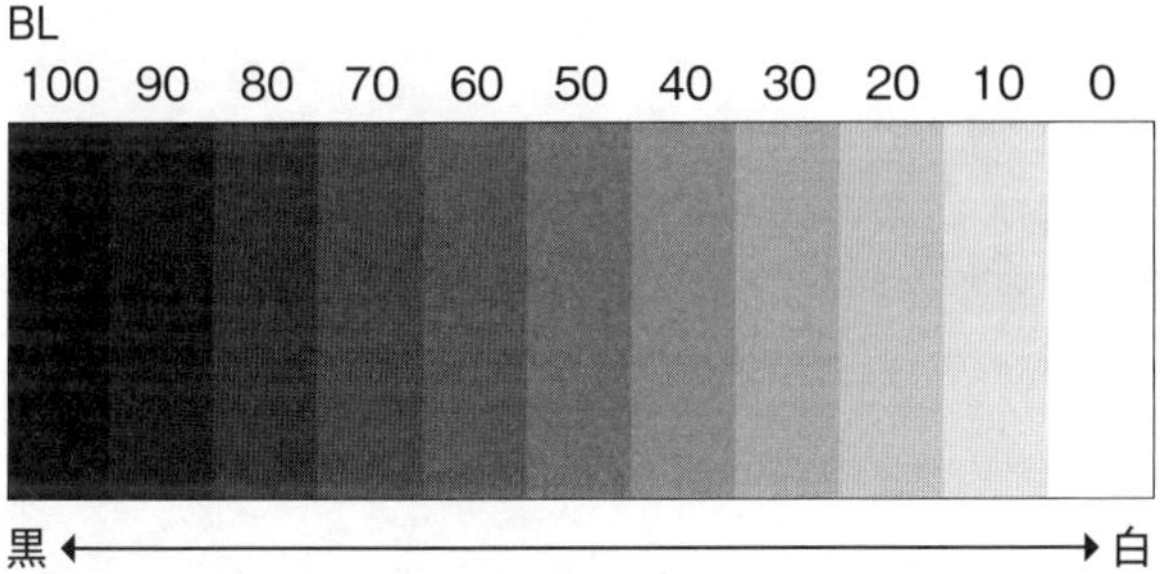

黒と白の境目は？　どこから黒でどこからどこまで灰色でどこが白か？　明確な区別はない

古くは小泉純一郎首相（当時）を「ヒトラー」呼ばわりした政敵もいました。最近では橋下徹大阪市長を「ヒトラー」と呼ぶ人もいます。

ここで２人の政治家の評価には触れるつもりはありません（政治姿勢、手腕に関しては、この際、問題外とします）。

強いリーダーシップを取る人間を、どうしても議論で論破できなくなると「ヒトラー」という悪名でもって、悪い印象を植え付ける狙いがあります。

小泉純一郎氏は首相在任中、記者団にぼやきます。

「（郵政民営化問題で）リーダーシップを取ると独裁者だ、ヒトラーだと言われる。では、他の案件を任せると、『丸投げ』だと言われる」

つまりどういう政治姿勢でも批判されるというのです。新聞記者からの返答はありませんでした。

ここで大事なのは、こういった対立者の相手に対する「レッテル貼り」に惑わされることなく、物事の本質をとらえることです。

百科事典を売るなら、ある家に!

ビジネスの現場でも同様のことが言えます。机上だけでデータを集め、企業戦略を誤るケースもときどき見かけます。

商売や企業活動を行なううえで、マーケティングは重要な要素になります。マーケティングで重要な情報といえば、人口や世帯数、所得水準など数値化できる定量情報と、地域の気候や風土、県民性、歴史など数量化しにくい定性情報があります。

それぞれのデータは、さらに目的に沿って細分化、分析するようにします。

たとえば子ども向け衣料のショップを出そうとしましょう。A市とB市、二つの町が候補で、A市B市ともに人口20万人だったとします。一見、どちらも同じマーケットのように見えますが、年齢構成比がここでは重要なポイントになります。子ども向け衣料であれば、ターゲットとなる子どもの人口比が一番のポイントになることはいうまでもありません。

さらに机上の計算だけで需要を予測しても、それには限界があります。そこで企業はアンケート調査や、ときには営業マンを使ってローラー調査に力を入れます。ローラー調査とは、ローラーが道路を全面にわたって平らにするように、特定の地域内の得意先やユーザーに関して完全な調査を行なうことです。

こういった情報を集めることによって、市場の需要などを把握するのです。机上だけのデータだけで、勝手に解釈しても、「正確な情報」とはなりえないのです。一例を挙げましょう。

子ども向けの百科事典を売ろうとして、「自宅に百科事典がある家とない家のデータ」を入手したとします。

あなたが百科事典の営業マンだったら、どういう営業活動をしますか？　おそらく百科事典を持っていない家へ重点的に営業をかけようとするのではないですか？　ところが、もともと百科事典を持っていない家は、「そんなものは必要ない」という考え方があり、売れません。実際に百科事典が売れるのは、すでに家に百科事典がある家のほうが、大人向けの百科事典を持っていれば、次は子ども向け百科事典というように購入率が高いというのです。頭だけで解釈しても、本当に必要な「需要」という情報は入手できないのです。

同じような失敗をした実業家のケースがあります。

ある実業家は、いくつも事業に失敗して数億円の借金があったといいます。あるとき、外国には「生まれたばかりの赤ちゃんの名前をプレートにして売るビジネスがある」という情報を入手します。

「これは日本でもヒットする！」と確信し、まず日本の年間の新生児の数を調べます。この名前入りプレートが売れれば○億円の利益が出ると算段し、サンプル商品を製作。さっそくベビー用品を扱う企業や産婦人科を回りますが、どこでも門前払いを食らいます。

事前に、マーケット調査を行なっていれば、そのような失敗は犯さずにすんだことでしょう。もっといえば、過去の自分の失敗を省みて、「どこに失敗の原因があったか?」を正確に分析できていれば、いつかは成功したかもしれませんが、それも怠っていたため同じような失敗を繰り返しているのです。

商品の仕入れは、先読みが重要

カリスマ経営コンサルタントとして有名な船井幸雄氏に伺った話ですが、「出来る男にはメモ魔が多い」と前置きしたうえで、企業トップでのメモ魔としてダイエー創業者の中内㓛とセブン＆アイ・ホールディングス名誉会長の伊藤雅俊さんを挙げます。中内さんも伊藤さんも現場主義を大切にして、よく店頭を見て回ってはメモを取っている姿が目撃されています。現場を見なければ伝わってこない情報も多々あります。

日産自動車のカルロス・ゴーン社長も試乗車に乗るなど、現場主義で知られています。しかし、こういった経営者も、現場だけの情報を鵜呑みにして、経営判断に活かしているわけではありません。現場で得た情報が、果たして全体に当てはまるものか、その店なり地域なりの特性なのかを判断しなければなりません。

たとえば、伊藤さんの会社にはコンビニエンスストアのセブンイレブンがありますが、ここではＰＯＳシステム（Point of Sales System）が活用されています。どんな商品が、いつ、どの価格で、どれくらい売れたかのデータが集計できるシステムです。スーパーやコンビニでは、天気や購入者の年齢、性別までデータとして集められています。

こうして集められたデータと、現場から得られた情報を組み合わせなければ、マーケットの動向は正確にはつかめません。マクロの視点とミクロの視点といったように、複数の視点で分析しなければならないのです。

イトーヨーカ堂は小さな小間物屋からスタートしていますが、伊藤さんは需要の読み違えから手痛い失敗を犯しています。冬に備えて大量に仕入れた足袋が、暖冬のためにまったく売れなかったのです。経営規模が小さかったため、抱えてしまった大量の足袋の在庫はそれこそ経営を圧迫するほどでした。

伊藤さんは、商品の仕入れでいかに先読みが重要であるか、そのためのデータと情報が重要であるかを、この失敗から学んだといいます。

セブン&アイの徹底した在庫管理と仕入管理はここからきているのです。

❖一時的な売り上げに惑わされるな

POSシステムに関して、私は次のようなシーンを目撃しました。

かつて私は月刊雑誌の編集部に勤務していました。残業も多く、とくに月後半は終電かタクシー帰りという毎日です。夕食は近くの定食屋や会社の隣のコンビニの弁当。外食後でも、その後の作業時間が長いので、やはりコンビニで飲み物や間食を買い求めることになります。

あるとき、同僚が「イカせんべい」を買ってきました（正式な商品名は覚えていません）。5枚入り100円で、残業時のおやつとしてはうってつけでした。

そのイカせんべいがなぜか編集部のなかで、一時的なブームになります。月末はイカせんべいだけの売り上げは突出した数字になったと思われます。

ある日、そのイカせんべいが、コンビニ・レジの横70～80センチほどの「特設コーナー」に山ほど積まれていたのを見て驚きました。あまりに売れ行きがよかったので、大量に仕入れたのでしょう。しかし、編集部でのイカせんべいブームはすぐに終わっていました。

むなしく売れ残ったイカせんべいがしばらくの間、コンビニの棚を占めていたのを鮮明に覚えています。ＰＯＳデータをそのまま分析もせず、入荷に結び付けてしまったのです。

つまり一時的に売り上げが伸びたのを、「特殊要因」とは分析せず、「今後も同様に売れ続ける」と判断したのが間違いでした。もし店員が、イカせんべいを買う客とコミュニケーションを取って、急激な売れ行きの伸びの要因をつかんでいたら、このような戦略のミスは犯さなくてすんだでしょう。

表面上のデータだけを鵜呑みにしてしまっては、このような失敗を犯してしまいます。データに対しては、「なぜ?」「どうして?」という疑問を抱き、分析するクセをつけるのが大切です。

第2節　冷静な判断を下せるか

～祥を禁じ疑いを去れ、死に至るも之く所無し～（九地篇）

非科学的な迷信や占いごとを捨て去って、兵士の迷いごとを断ち切る。そうすれば死に直面しても、精神的な動揺や混乱は避けられるはずだ。逆に言えば、精神的な動揺が兵士たちの間で広がるようでは、いざというときに混乱を招く。組織として体をなさなくなり、戦うこともできなくなるので、努めて冷静な判断を下せるようにしておく。

「疑心、暗鬼を生ず」という言葉があります。疑いが心のなかに生じると、ありもしない鬼の姿が見えるように、何でもないことまで恐ろしくなるという意味です。冷静さを失うと状況判断を誤ったり、正確な情報分析ができなくなったりするものです。

似たような句に、

「幽霊の正体見たり枯れ尾花」

があります。

疑心暗鬼になると「幽霊が見える」

友人が似たような体験をしました。釣りに行くという朝４時、友人と待ち合わせました。そのとき、待ち合わせ場所にあらわれた友人は、顔が引きつっていました。「どうしたの」と尋ねると、

「いや〜、怖かった。お化けを見た」

と言うのです。よくよく聞くと、道を歩いているとき、通りがかった他人の家の金属製のドアにボーッとかすかに映った自分の姿が、お化けに見えたというのです。

私は思い切り笑ってしまいましたが、朝４時の薄暗いなか、人通りもないとこ

ろで、その友人は心細かったのでしょう。「いや～、いまでも心臓がバクバクしている」というから、それこそ腰を抜かさんばかりだったに違いありません。

近年、科学が発達して「幽霊」を見ることに対する研究が進んでいるといいます。とくに心霊スポットといわれる場所で、その周囲の環境が人の心理にどのように働き、「幽霊が見える」メカニズムが働くかという研究です。

このように、不安な心理、恐怖心にかられているときは、状況、情報に対して冷静な判断が下せなくなりがちです。

❖「デモ取引」と「実戦」は違う

人間心理が大きく作用する経済行動に投資があります。株式投資やＦＸ（外国為替証拠金取引）には、投資家の心理が大きく作用し、相場をも動かします。

現在ではインターネットが発達し、ネット取引が盛んです。初心者も気軽に始められますが、ネット取引では、初心者の練習のために「デモ取引」というシステムが構築されています。

慣れない人のために、架空口座で架空の取引を行なうのです。取引をやる人は、それによって、ネット取引の仕組みややり方を覚えるのです。さらにこのシステムのいいところは、売買のタイミングなども学べるのです。

株価や通貨の値動きを見ながら、過去のデータと照らし合わせて、売買のタイミングを探るのは投資、とりわけデイトレード（日計り取引）のような短期売買には重要な意味を持ちます。

デモ取引で慣れて、口座に資金を入金し、いざ、取引開始。ところが、デモ取引で慣れたはずの売買のタイミングが、「実戦」ではなかなか計れないのです。実際にお金がかかっているとなると、微妙な心理の揺れで、タイミングを計る判断が、デモ取引のときと勝手が違うようです。

特殊な状況下で、いかに冷静な判断を下すか、難しいところがあるようです。そのことを踏まえて情報に接しなければなりません。とくに瞬時に判断を下さなければならないときは、要注意です。

また株式売買やＦＸでは、「常勝」ということは、まずあり得ません。トータルでプラスになればいいわけですが、人間は欲張りにできているので全戦全勝を狙いたがるものです。この「欲深さ」が、情報に対する正確な判断を狂わせる要因となります。

株式にしろＦＸにしろ、安い価格で買って、高い価格で売れば利益は生み出せます。ところが欲深くなると。「底値（一番安い価格）で買って、高値（一番高い価格）で取引しよう」などと考えたくなるものです。しかし、刻一刻と変化する株価や為替で、次の瞬間、高くなるか安くなるかを見極めるのは困難。まして、「今が底値」「今が天井」などと判断するのは、ほぼ不可能です。

そこで、「ほどほどに利益が出たら、利益確定する」というのがディーラー（プロの投資家）のスタンスです。

しかし、「欲深」になると、底値で買えなかったり、高値で売れなかったりするだけで、それが後に引きます。次の投資で冷静な判断を下せなくなり、刻一刻と変化する価格（＝データ）に対し、欲目が出て判断を大きく狂わせる要因となりかねません。

ビジネスは「戦場」、判断ミスが命を落とす

特殊な状況下の典型例が「戦場」でしょう。一瞬の判断が戦局を左右するだけでなく、兵士にとっては自分の命がかかっているだけになおさらです。

敵を味方と誤認したり、味方を敵と誤認したりするのはけっして珍しくなかったといいます。

たとえば、太平洋戦争時におけるキスカ島撤退。日本軍は、昭和17年にアリューシャン列島のアッツ島、キスカ島を占領します。しかし翌年、アッツ島はアメリカ軍に奪還され日本の守備隊は玉砕。アメリカ軍は次にキスカ島の占領を

計画します。

しかし、日本軍のキスカ島守備隊はその前に、深い霧に紛れて撤退します。これは「キスカ奇跡の撤退」と言われるほど、アメリカ軍に悟られることなく見事な成功をおさめました。

アメリカ軍はキスカ島上陸前に、航空機による空襲をかけます。しかし、対空砲火がまったくなかったこと、損害を受けた施設がその後、修復された形跡がないことから、アメリカ軍司令官キンケード中将は、

「日本軍は撤退したようだ」

と判断します。

しかし、キンケードはこの情報を上陸部隊に伝えませんでした。上陸部隊にとって、いい訓練になるという判断です。その後発生した「同士討ち」を考えれば、果たしてよかったかどうか……。

なにしろ上陸した兵士たちは、どこに敵である日本兵が潜んでいるか、不安と恐怖におののいています。そして上陸したアメリカ軍のなかで同士討ちが起こり、実に25人が死亡、31人が負傷しています。

戦場といっても、実際に戦闘がなかったため、正確な同士討ちによる被害の記録も残っています。しかし、実際の戦場では、混乱のなか敵味方の識別がつかな

いまま同士討ちが発生していたことは想像に難くありません。

戦場では情報が錯そうし、兵士は混乱に陥ります。混戦のなか、同士討ちや民間人を巻き添えにするケースもあります。

イラク戦争では、アメリカ軍が民間人を攻撃し、多数の犠牲者を出しています。その映像が残って大きな問題にもなりましたが。カメラを構えたジャーナリストが、狙撃された事件。やはり望遠レンズ付きカメラを持ったカメラマンを含み、ヘリコプターから民間人が狙撃された事件。

あってはならない悲惨な事件ですが、いずれもカメラを「ミサイル砲」と誤認しての事件です。誤射した兵士にしてみれば、自分がいつ狙われるかわからないという恐怖心、不安感に支配されているなか、望遠レンズ付きカメラが「ミサイル砲」と誤認してしまうのもいたしかたないのかもしれません。誤射した兵士を果たして非難できるでしょうか。

「民間人を殺害した！」と、鉄砲の玉が飛んでくる心配のない場所で兵士を非難するのは簡単ですが、事件の真相を探るには、戦場での心理を知る必要があります。これは、ビジネスの世界でも言えることです。ライバル社に得意先を奪われたときなど、担当者を叱責する前に、冷静に事態を把握し、次の一手を考えなければなりません。

第3節　行動を起こす前に状況をよく見よ

～凡そ軍を処くには敵を相る～（行軍篇）

軍が行動する際には、必ず敵情を探るようにしなければならない。山を越えるには、谷沿いに進み、いざ戦いとなったら、高地から低地に向かうようにする。けっして自らより高いところに位置する敵に向かって、攻め上ってはいけない。山地における戦いの要諦である。渡河し終えたら、川岸より離れたところに位置する。渡河中の敵を攻撃するのではなく、敵兵のうち、半数が渡り切ったところで攻撃する。川岸における戦闘の要諦である。

インターネットの普及によって、情報伝達の手段は大きく様変わりしています。新聞の販売数が落ち、雑誌の売れ行きも落ち、代わりにネットから情報を得る人も多くなっています。また、ビジネスシーンでも、ネットのはたす役割はますます大きくなっています。

雑誌では、タウン情報誌などがその影響を受けて部数を落として、ネットがその穴埋めをしているような状況です。また、会社の営業活動も、取引先に出向いて受注交渉するより、ネットで差配するケースが増えています。

ところが、ネットは誰でも情報発信ができるという利便性ゆえに、そこに大きな落とし穴も待ち受けています。新聞やテレビといったマス・メディアが伝える情報にも虚偽が多く含まれているということは、のちほど紹介しますが、ネットなどいわゆる「口コミ」情報にも意図的な情報操作が行なわれるケースも珍しくありません。

❖「食べログ」やらせ問題の波紋

2012年1月4日、「食べログ」の、いわゆる「レビューやらせ問題」が発覚します。

「食べログ」とは、グルメサイトの一つで、飲食店をユーザーが採点し、投票するシステム。ランキングと口コミ情報が閲覧できるので、どの店で食事をしようか、というようなときの貴重な情報源となります。

ところがユーザーが自由に投票できることに目をつけた業者が、これを悪用します。業者は飲食店に「ランキングを上げてみせる」と持ちかけ、金銭を払った飲食店に対し、組織的に高得点の投票を行ない、ランキングを上げるのです。

一般のユーザーは、その高評価を信じて店を選ぶわけです。

「食べログ」からの情報に虚偽があったわけで、まさに信用を落とす結果となるため、「食べログ」を運営する企業は、「やらせ評価」を行なう悪質な業者には法的措置を取ると表明、消費者庁も「景品表示法（不当表示）」に基づき調査を行ないます。

ネット上を飛び交う秘密情報の真偽

ツイッターやフェイスブックも含め、ネット上には、それこそ虚偽の情報が満載です。困るのは、たまに企業内の秘密情報が掲載されていたりと、まったく無視できない存在でもあるからです。「2ちゃんねる」などに代表される電子掲示板には、誰でも匿名で投稿できるため、あらゆる情報が掲載されます。なかには企業内の不正を暴く、内部告発があったり、あるいは特定の人物・団体を誹謗中傷する、それこそ玉石混淆の情報が盛りだくさんです。

ときには株価を操作するための、ニセ情報、いわゆる「風説の流布」にあたる書き込みもあります。

本書執筆中にも、韓国で、

「北朝鮮の核施設が爆発。多量の放射線が漏れた」

といった虚偽のニュースがもっともらしくネット上で伝えられました。

このニュースに株式市場は敏感に反応し、わずかの時間でしたが韓国株式市場は株価が急落します。虚偽のニュースを流したグループは、株式の売買で不正な利益を上げ、逮捕されています。

ネット上で伝えられる情報の真偽を見抜くにはどうしたらいいのでしょうか。残念ながら有効な決め手はありません。

繰り返しますが、情報をあらゆる角度から検証し、裏を取るといった地道な作業を繰り返すしかありません。

❖情報を発信する側の「意図」を見抜く

情報の真偽だけでなく、情報を伝える側の「意図」も読みたいところです。

２０１２年2月、厚生労働省の国立社会保障・人口問題研究所が、

「50年後には、日本の高齢者人口は4割になる」

　というデータを公表しました。

　この発表を受けて、各テレビ局はニュースでこのデータを衝撃的に伝えます。そして高齢化社会の問題点を挙げ、「将来は、若者1人が高齢者1人の面倒を見なければならない」などと喧伝していました。

　NHKなども「ニュースの深読み」などと言って、このことを伝えていました。しかし、厚生労働省のデータ公表は、別の「深読み」あるいは「裏読み」もできるのです。

　民主党政権は「社会保障と税の一体改革」を訴え、消費税のアップをなんとか実現させようと躍起になっています。「高齢化社会」到来のデータに偽りはないものの、世間に「消費税増税は仕方ないのか……」といった雰囲気を醸成させるために、この時期に流されたと見るのは、けっして不自然ではないでしょう。民意や世論を誘導するために情報は流されたり、操作されたりするのです。

❖情報操作は、勝つための重要な戦略

　このように国家や政府が流す情報も鵜呑みにするのは危険が伴います。

　顕著なのが、戦時中の「大本営発表」。旧日本陸軍と海軍は、負け戦をひた隠

しにして、さも「日本は優勢に戦っている」というニュースを流し続けたのです。戦後作られた「イロハかるた」に「勝った勝ったの大本営発表」「聞いて極楽見て地獄」という大本営発表を揶揄したものもあったくらいです。

大本営発表の情報操作は、戦意高揚、兵士たちの士気を高める目的が大でした。たとえば1942年のミッドウェー海戦での大敗北も、日本軍が勝ったようなニュースを流し、翌年ガダルカナル島を撤退したときも「日本軍は転進した」というような表現で国民に伝えたのです。

私は、このような情報操作が絶対にあってはならないという立場は取っていません（逆に、まったく容認するというわけでもありませんが）。戦争の善し悪しについての議論はここでは置くとして、いったん戦争が始まれば、勝つための手段としての情報操作は、重要な戦略の一端となります。

ここでは、あくまで流される情報には、流す側の「操作」がある、という視点で問題を捉えます。

戦後の民主主義時代となって、大本営発表のような情報操作はないと思われがちですが、けっしてそうではありません。民主主義の名のもと、ベトナム戦争時、アメリカ政府は報道の自由を認めていました。ベトナム戦争の悲惨さが伝えられ、アメリカ国内で反戦機運、厭戦ムードが広がっていきます。

アメリカ政府はこの点を反省し、その後の湾岸戦争やイラク戦争では徹底した報道規制が行なわれました。

ちなみに、イラク軍がクウェートから撤退したあと、イラク軍が油田を破壊したため原油が大量に海に流出したというニュースがいっせいに伝えられました。カフジ油田から撤退するイラク軍が油田を破壊したため、大量の原油がペルシャ湾を汚染しているというのです。

カフジの海岸でドロドロの油まみれになった海鳥の映像が繰り返し流されていました。

私は、その映像を見ながら違和感を抱きました。映像は原油にまみれた海鳥のアップのみ。原油による海洋汚染なら、なぜもっと広範囲を映し出さないのかという疑問があったからです。

原油まみれの海鳥は、いかにもイラク軍が「極悪非道」な行ないをしたかという印象を与えるのに効果的な映像でしたが、原油の流出そのものは、イラク軍の破壊によるものではないことが、のちになって判明しています。

アメリカの環境団体などは、イラク軍による環境破壊活動だなどとさかんに非難していましたが、そもそも流出した原油がペルシャ湾を汚染しているというニュースそのものに対して疑惑が生じています。

※「外」からの情報に真実を発見する

国家の情報操作は、たとえば民主化されていない独裁国家で行なわれるというイメージが強いと思われます。

民主化される以前の東欧諸国やアラブ諸国などでは、報道の自由は認められず、検閲が当たり前のように存在しました。現在でも、中国や北朝鮮などでは報道の自由はありません。

テレビや新聞などで流される情報は、為政者たちにとって都合のいいニュースばかり。つまり為政者による情報操作が当たり前のように行なわれていたのです。自由な報道は、権力を握る立場の人間にとっては不都合なケースが多いのです。

情報の行き来で、それこそ政権が倒されたケースもけっして珍しくはありません。古くはベルリンの壁崩壊に象徴される1989年の東欧革命。この革命で大きな役割を果たしたのが、テレビの衛星放送です。それまで共産党一党支配下にあった東欧諸国は、政府の支配下にある国営放送で情報の厳しい統制が行なわれていましたが、国境を越えてくる衛星放送の電波までは検閲できません。「外」からの情報に接した東欧諸国の民衆を目覚めさせる結果となったのです。

このようなケースは、近年の「アラブの民主化」でも見られました。

２０１０年にアフリカのチュニジアで起こったジャスミン革命では、フェイスブックやツイッターといったＳＮＳ（ソーシャル・ネットワーク・サービス）などインターネットが大きな役割を果たしました。共産党の事実上の一党独裁が続く中国が、インターネット上での情報のやりとりを強く規制しているのは、国民の批判の矛先が自らに向けられるのを恐れているためです。

阪神淡路大震災で〝誤報〟から水不足に！

新聞やテレビの情報には、全体の一部分しか伝えていないこともあります。その一部でもって、全体を判断するととんだ間違いを犯しかねません。

とくに大災害や大事故が発生したときに起こりがちです。報道陣が現地入りしたものの、現場が混乱しているためにそのようなことが起こるのです。

たとえば、阪神淡路大震災のとき。各地から大勢のボランティアが集結しました。ボランティアは、被災地の人々が少しでも平常通りの生活ができるように、活動します。炊き出しや水汲み、そしてドラム缶風呂を焚く、など。

ところが、現地では２、３日後にはガスといったインフラが一部地域を除いて復旧したため、お湯などには不自由しなくなりました。

でも、現地で活動するボランティアには伝わらなかったため、急造のドラム缶風呂が作られ続けました。被災者の方々は、せっかく焚いてもらったドラム缶風呂に入らないと悪いということで、わざわざドラム缶風呂に入りに行った人も大勢いたといいます。

この程度なら笑ってすまされます。

しかし、このとき現地入りしたテレビクルーが、ある地域の模様を伝えます。そこではたまたま全国から寄せられた物資のうち、飲料水だけが集中していました。レポーターが被災地の人にマイクを向けると、

「もう、水だけは余っている。もう送らないで欲しい」

という声が伝えられます。その声が全国に届き、（被災地は、水だけは十分に足りている）というような印象を与えます。

ところが、水が余っていたのは、たまたま救援物資の水が集中していたその地域だけだったのです。物流が悪く、物資が均等に行き届いていませんでした。そのため、被災地では水は十分に足りているという誤った情報が伝えられたのです。

この「誤報」のおかげで、現地では水不足が再び深刻になりました。メディアが伝える情報は、すべてを正確に言いあらわしているとは限りません。

メディアはときには、わざと「曲解」することもある

新聞やテレビは公平・公正に情報を伝えることが使命とされていますが、実状を見ると、その理想とはかけ離れていると言っても過言ではありません。

公平・公正の基準があいまいなこともその理由に挙げられますが、そもそも情報を伝えるメディアも、感情を持った人間が関わっているからです。

とくに権力者に対する報道では、各メディアに温度差が生じる傾向があります。顕著なのが、政治家の失言。ときには「歪曲」して「失言」が伝えられるケースも珍しくありません。

いくつか実例を挙げましょう。

政治家の失言のなかでも、戦後政治史のなかに大きく記されているものが、池田勇人元首相の発言でしょう。

「貧乏人は麦を食え」

「中小企業の五人や十人自殺してもやむを得ない」

と発言したと、伝えられています。

では、真実はどうなのでしょうか。

貧乏人は麦を食え、という発言のきっかけは、大蔵大臣だったころ、参議院予

算委員会で野党議員から、高騰する生産者米価に対して所見を求められたとき、「所得に応じて、所得の少ない人は麦を多く食う、所得の多い人は米を食うというような、経済の原則に則ったほうへ持って行きたいというのが、私の念願であります」と発言したことに起因します。

翌日の新聞では、「貧乏人は麦を食え」という見出しで池田蔵相の発言を紹介し、これが本人の発言として伝えられます。

（予算委員会のあとの記者会見で、「では、貧乏人は麦を食え、ということですか」と質した新聞記者に対し、「そういうことになりますね」と池田蔵相が答えたという話をベテラン記者に伺ったことがありますが、未確認です）

また、後者の失言については、通産大臣時代に、

「正常な経済原則によらぬことをやっている方がおられた場合において、それが倒産して、また倒産から思い余って自殺するようなことがあっても、お気の毒でございますが、やむを得ないということははっきり申し上げます」

「経済原則に違反して、不法投機した人間が倒産してもやむを得ない」

という発言が、改ざんして伝えられます。

このメディアの改ざんは、池田勇人に対するというより、メディアに対してけっしていい態度をとっていなかった吉田内閣に対する反感にも一つの原因が

あったものと推察されています。

「小さなボヤを大火事にする」改ざんを見抜け

「池田発言」のようなねつ造とまではいかないまでも、改ざんはある意味、大手メディアの常とう手段といったら言い過ぎでしょうか。

しかし、発言の一部のみを強調し、発言者を「悪者」に仕立てる「印象操作」は日常茶飯事といっていいかもしれません。

それは、小さなボヤを手で煽って大火事にして写真を撮り、記事にするといったやり方そのものと言われても仕方ないでしょう。

次も政治家の「失言」を検証してみます。また、繰り返しお断りしますが、この政治家の資質云々は問わず、また、擁護が目的でもなく、あくまで報道という視点で取り上げます。

対象は麻生太郎元首相。べらんめえ口調で毒舌を交えた発言が多く、いわゆる問題発言も多い。が、なかにはメディアによって発言の一部を切り取られ、強調された挙句に非難されたケースもあります。

たとえば2008年11月20日の経済財政諮問会議での発言。

「67、68歳になって同窓会に行くと、よぼよぼしている、医者にやたらかかっている者がいる。彼らは、学生時代はとても元気だったが、今になるとこちらのほうがはるかに医療費がかかってない。それは毎朝歩いたり何かしているからである。私のほうが税金は払っている。たらたら飲んで、食べて、何もしない人の分の金を何で私が払うんだ」

この発言は「だから、努力して健康を保った人には何かしてくれるとか、そういうインセンティブがないといけない。予防すると（医療費が）ごそっと減る」と続きます。

一理ある主張だと思います。

しかし、マスコミ各社は、

「たらたら飲んで、食べて、何もしない人の分の金を何で私が払うんだ」の部分だけが切り取られ、問題発言として扱われました。

メディアは「反権力＝正義」と考えている関係者も多く、受け取る側は冷静に判断しなければなりません。

というように、商取引の場合でも、改ざんに気づき、相手の意図を見抜くことが、罠にはまらないために必要なのです。

PART3

情報3　相手を操る

第1節　敵（ライバル）に誤った情報を流して混乱させる

～反間なる者は、その敵間に因りてこれを用う～（用間篇）

反間とは、敵の間諜を手なずけて逆に利用すること。敵の間諜を裏切らせて二重スパイとして利用するケース、あるいは気づかないふりをして、ニセの情報を流し、敵をかく乱するといったケースがある。いずれにしろ、敵の間諜を見つけたとしても、殺したり排除したりせずに、逆に利用するところが重要なのです。優秀な間諜を育てるには、時間がかかりますが、相手を逆利用するのは、手間がかかりません。相手の失点に自らの得点も加わるので、二重のメリットがあるのです。

スパイを重用しろと説く『孫子』は、スパイを五つの種類に分けています。

①因間……敵国内の民間人を情報源とする
②内間……敵国の官僚を利用する
③反間……敵のスパイを逆に利用する
④死間……味方のスパイが敵に偽情報を流す
⑤生間……スパイが敵領内に侵入し、情報を集める

スパイ活動には、いろいろなレベルがあり、本人が気づかないところで、スパイ活動の一端を担っていたというケースもあります。

面白いのは敵のスパイを逆利用する『孫子』の反間です。偽情報を相手に流して、相手をかく乱させるという戦術です。

もし身近にスパイがいると発覚すれば、そのスパイを切り捨てるか、遠ざけるとかするでしょう。しかし、敢えてスパイをそのまま泳がせて、逆に利用する手もあるのです。

❖情報内通者を逆用するトラップ作戦

ビジネスの世界を描いた人気コミックスに『課長　島耕作』シリーズがあります。リアルなサラリーマンの世界を描いていますが、なかに企業内スパイを描い

たシーンがあり、ここでケーススタディとして取り上げてみましょう。

主人公・島耕作が勤める日本の代表的な電器メーカー・初芝電産はアメリカの大手映画会社コスモス映画の買収に乗り出します。

しかし、交渉は冒頭から難航します。コスモス映画側から持ちかけられた買収案件であるにもかかわらず、コスモス映画は買収金額で強気な態度に出ます。

初芝は、1株70ドル、総額72億ドルでの買収を提案します（上限は80億ドルに設定）。コスモス映画は1株90ドル総額85億5０００万ドルを主張します。買収価格が折り合わないなか、初芝のライバル企業・東立電工からも買収提案があったことを伝えられます。

島の上司で、買収の責任者、中沢喜一の頭に、ある疑念が湧きます。

（こちらの情報が漏れているのではないか……）

コスモス映画が強気な交渉姿勢に出るのは、買収の上限を80億ドルに設定していることちらの手の内が漏れているからではないか……という疑惑です。そして「獅子身中の虫」、すなわち社内に敵（コスモス映画か東立電工）に通じているスパイがいるのではないか。やがてひょんなことから、現地法人のハツシバアメリカの泉が、東立電工と通じていることが判明しました。島は泉をこの買収案件から外すことを提案しますが、中沢が泉を逆利用しようと言い出します。

そして泉をトラップにかける「大芝居」が打たれます。泉の前で本社から中沢宛に電話がかかります。そしてその会話の内容が、買収金額の上限を72億ドルとするよう指示があったとするものです。中沢は「しかたない、最終交渉価格は72億ドルでいこう」とうめくように言います。が、本社からの電話そのものが芝居。泉と東立電工をトラップにかけるためでした。

そしてコスモス映画の買収は、東立電工と入札で決定、多く金額を提示したほうが交渉権を得るということになりました。

（東立電工は、初芝が72億ドルで入札すると信じている。その金額をわずかに上回る額で入札するはずだ）

島たちは、そう読みます。そして初芝は74億９０００万ドルで入札。これに対して東立電工は72億５０００万ドルで入札します。コスモス映画は、初芝電産に買収されることになったのです。スパイをうまく活用し、情報戦で相手を上回った初芝電産の勝利でした。

水面下で行なわれる、ライバル社の熾烈な戦い

島耕作のストーリーは、あくまでフィクションです。

現実は、なかなかそんな話はない、と思う方も多いでしょう。しかし、リアル

の世界でもスパイ合戦は存在します。

ある新しい情報産業界での話です。新しいメディア・ツールで情報を発信する事業ですが、新しいタイプのメディアだけにライバル間の競争は熾烈を極めます。

競争の一つのポイントは、情報発信の構成をどう作成するかにありました。「情報発信の構成」とは、わかりやすくたとえるなら「テレビ番組の編成」のようなものです。

相手がどのような編成を作成するか、その読みが業績を左右する、あるいは企業の存亡に関わるといっても過言ではありませんでした。

A社の編成担当者は、B社の編成をなんとか探ろうとします。そのためにA社が選んだ手段は「スパイ行為」でした。

A社が目をつけたのは、B社の編成部長・山口寿雄さん（仮名）でした。

A社は山口さんに接触、多額の金額を提示し編成表を漏らすように要求します。山口さんは即座に断ります。

それでもA社は、執拗に粘ります。

「渡していただかなくてもかまいません。編成表が入った封筒を道で落としてください。そうすれば、あなたがわが社に売ったことにはなりません」

と山口さんに持ちかけます。それでも山口さんは断ります。

最後にA社は、強行手段に訴えます。

山口さんをあるホテルの一室に呼びます。山口さんが部屋で待機していると、電話が鳴りました。ホテル内の内線電話でした。

「いま、使いの者に封筒を届けさせます。ぜひご覧になってください」

届けられた封筒の中に、雑誌の校正刷りが入っていました。見出しには、「B社・らつ腕部長の不倫疑惑」という大きな文字がありました。大きな写真は不鮮明でしたが、山口さんと親しくしていた銀座ホステスとのツーショット。

接待で使うクラブから山口さんが出てきて、ホステスが見送るシーンでした。山口さんにとって痛いところを突いてきたといえます。確かに、そのホステスとは「不適切な関係」があったのが事実だからでした。

再び電話が鳴ります。

相手は、主にスキャンダルを扱う有名写真誌の名前を挙げながら、

「この記事は来週に掲載される予定です。もし、編成表を渡していただけたら、この記事は差し止めましょう」

と持ちかけてきます。

「ちょっと考えさせてくれ」と受話器を置きますが、山口さんの動揺は激しいものがありました。とっさに家族の顔が浮かび上がり、なんとしてでも家族は守ら

なければならないという思いが強まります。

「編成表を渡してしまおう」という思いが一瞬、頭をよぎります。

が、すぐに冷静さを取り戻します。

「有名人ならいざ知らず、いくらなんでも無名のオレを記事にするだろうか」

という疑問がわきます。

そして、

「これはA社が仕組んだ罠だ。オレを調べ上げた上でA社が〝ねつ造〟した校正刷りだ」

と結論付けた上でA社の要求を突っぱねます。

その後、A社から山口さんへの接触は途絶えます。心配した写真週刊誌の記事も掲載されることはありませんでした。

雑誌の校正刷りは、山口さんを陥れるために作成されたものでした。

ライバル企業の機密情報を得るために、水面下でこのような激しいやり取りがあるのも現実としてあり得るのです。

口が軽い同僚を利用しよう

ある企業幹部が、

「部下として重用したいのは、秘密が守れる奴。口が堅い人間でないと信用できない」と公言しました。では、口が軽い人間は、部下として使わないのか、と尋ねました。すると意外な答えが返ってきました。

「いや、そういう人間も面白い使い道がある。ある部下は、調子のいい奴で、だからあっちこっちの派閥に出入りしていた。こちらの情報を、ペラペラ話すものだから閉口したものだが、あるとき逆利用してやったよ」

その部長は、ある大企業からヘッドハンティングの話があると部下たちの前で言い放ったのです。

「好条件で、よかったら希望者を引き連れて転職する」

「お前たちも来たければ、連れて行ってやるぞ」

そこまで話しますが、実はヘッドハンティングの話自体が真っ赤なウソ。しかし、その話は口が軽い部下によってウワサとして広がります。

部長にしてみれば、この部下の「口外」は想定内。まさに思う壺でした。

慌てた会社側は、部長を引き抜かれてしまっては、困ることこの上もありません。

会社としては、なんとしても引き留めようと、その部長と部署の待遇をよくしたというのです。

第2節　ライバルに、こちらの状況を知られてはならない

～「兵は詭道なり」～（始計篇）

戦争の本質は、敵をだますことにある。本当は自軍の作戦行動が可能であっても、敵には、その作戦行動は不可能であるかに見せかける。自軍が、積極的に攻勢に出ようとするときは、消極的であるかのように装う。実際は目的地の近くにいるときは、まだ目的地から遠く離れているかのように敵に見せかける。また、実際は目的地から遠く離れているときは、敵に対しては、すでに目的地の近くにいるかのように見せかける。

敵（ライバル）に勝つには、自分の実力を知り、相手の実力を正確に測らなければなりません。逆にいえば、相手を欺くところから戦いは始まるのです。

戦場において、軍隊は作戦面では錯誤を繰り返します。敵情に関しては非常に限られており、ときには陽動作戦も行なわれるので、状況判断は困難を極めます。致命的な情報判断の錯誤がないほうに勝利は転がりこむのです。

そこで敵には誤った情報を流し、敵の戦略を誤らせるという戦術もあります。

❖「一夜」にして城を建てた？

豊臣秀吉がまだ、木下藤吉郎と名乗っていたころの逸話。

藤吉郎が仕えていた織田信長は、そのころ、美濃の国の斎藤龍興と対峙していました。信長は、美濃と尾張の境にあった木曽川、長良川の合流点あたりに築城するという戦略をとります。美濃攻めにおいて前線基地を作ろうとしたわけです。しかし、斎藤勢も、そのまま黙って築城するのを許すわけにはいきません。織田家の家臣、佐久間信盛が築城にとりかかりますが、斎藤勢の攻撃に遭い、失敗。さらに柴田勝家も築城にかかりますが、同じように失敗。

そこで名乗りを上げたのが藤吉郎です。藤吉郎は信長に７日間で築城すると大見得を切りさっそく築城に取りかかりますが、それを見ていた斎藤勢は呆れます。

先に失敗したときより少人数でのんびり基礎工事を行なっていたからです。

斎藤勢は「もっと、完成に近づいたところで、攻撃しよう」と様子見を決め込みました。ところがその間、ほかの場所で切り出した木材などをその場で加工し、柵などを組み立てていたのです。今でいうプレハブ工法、プレカット工法です。斎藤勢の見えないところで密かに工事を進めていたわけで、なかなか工事が進んでいないと見せかけながら、実はその裏で着実に工事は進んでいたわけです。

そして、ある日突然、斎藤勢を驚かせます。それこそ一夜にして城の形ができていたからです。驚いた斎藤勢が慌てて攻撃を仕掛けますが、藤吉郎の伏兵が撃退し、あっという間に城が完成してしまいました（城といっても、天守閣を持った城というより、砦のイメージですが）。

手の内を隠し、敵方に誤った情報を与えた藤吉郎の頭脳の勝利でした。

切羽詰まった状況を相手に見せない

豊臣秀吉が天下取りに成功したのは、主君・信長が家臣・明智光秀の謀反に遭い、本能寺にて斃れたからです。そのとき、柴田勝家は越中で上杉勢と交戦中。滝川一益は上野厩橋城で北条勢と対峙。羽柴秀吉（のちの豊臣秀吉）は、備中高松城で毛利軍と戦っていました。このときも秀吉は「情報戦」で勝利しています。

まず、ある「偶然」が秀吉に味方します。

信長を討った明智光秀は、毛利勢を味方につけようと密使を送ろうとします。光秀が放った密使は毛利軍と間違えて秀吉の陣中に迷い込みます。密使を捕えたことで秀吉は信長の死を知り、その死を秘匿するため密使を切り殺します。

信長の死を隠したまま秀吉は、毛利軍と和睦を結びます。このとき、「信長が近々、大軍を率いてくる」という偽情報を流したともいわれています。毛利軍と和睦を結んだあと、秀吉はあっという間に兵をまとめ、光秀討伐に向かいます。あまりに早い秀吉軍の到達に、光秀軍は準備不足のまま山崎の戦いに臨み、敗北を喫してしまいます。

本音を隠す

ポーカーフェイスという言葉があります。

カードを使ったゲームにポーカーがありますが、相手にいい手が入っているか入っていないか、相手の顔色をうかがいながら進めていきます。相手に手の内がばれないように感情を表に出さない無表情でいることを、ポーカーフェイスといいます。取り引きや交渉時において、相手の表情から本音を探るのも重要なテクニック。逆に言えば、簡単にこちらの本音を探られないようにします。

第3節　敵の情報を流して「世論」を味方につける

～故に、之を策りて得失の計を知る～（虚実篇）

敵の意図を見抜け。そうすれば、どのような戦略が効果的か分かる。敵に揺さぶりをかけてみれば、敵の態勢・行動が分かるだろう。敵の態勢を把握し、その強みと弱点を知る。偵察隊によって敵を挑発してみると、敵の主力と手薄なところとが分かる。このことから分かることは、軍の態勢は、相手に明確に悟られないよう、柔軟さを持たせることだ。そうすれば、自軍に入り込んだ敵の間諜にも悟られることはない。

「情報戦」という言葉には、いろいろな意味があります。戦争においては、状況把握のための情報収集や暗号解析などを、第一義的に指します。ビジネスにおいても、マーケティングなど情報分析がメインとなります。

しかし、情報戦には、こちらから積極的に情報（デマなど）を流し、敵方の動揺を誘ったり、世論を誘導したりするような戦いもあります。

『孫子』の「所謂古の善く兵を用うる者は、能く敵人をして前後相及ばず」（九地篇）は、敵をかく乱して、敵の戦力を十分に発揮できないようにさせる戦術を指しています。とくに強大な敵に立ち向かうやり方といえます。

現代では、強大な敵に立ち向かうには、メディアなどを使って世論を味方につけるというやり方が、しばしば使われます。

ここでは、２０１１年秋に発覚した、プロ野球・読売巨人軍の「内紛劇」（通称、清武の乱）をケーススタディにします。

なお、執筆時は２０１２年４月現在で、問題の落としどころはまだ見えていませんが、双方がとった「情報戦」の一環を説明しましょう。どちらに正義がある・ないといった問題はここでは触れないことにします。

オーナーに造反した球団代表の思惑

問題の発覚（発端）は、2011年11月11日、プロ野球チーム・読売ジャイアンツの球団代表・清武英利氏が文部科学省において会見を開いたことによります。2011年のシーズンが終了し、巨人軍の来季のコーチ人事は、いったんは岡崎郁氏が内定していました。それを親会社である読売新聞社の社主で読売巨人軍の会長の渡邉恒雄氏が「鶴の一声」で取り消したというものです。

会見で清武氏は、渡邉会長は人事に不当に介入したとし、

「会社の内部統制とコンプライアンス（企業倫理）を破った」

「プロ野球を私物化するような行為は許すことはできない」

と非難しました。

これに対し巨人軍のオーナー兼社長の桃井恒和氏は渡邉会長を擁護し、逆に、

「会見を球団の誰も知らなかった。ああいう形でやったのは、コンプライアンスという意味ではとんでもない」

と清武氏を非難します。

その後、11月18日に清武氏は、読売新聞グループ本社の臨時取締役会で球団代表を解任されます。

その後、双方はお互いを名誉棄損等で訴訟を起こすにいたっています。

❖情報リーク戦術は思惑はずれ！

ここで清武氏が、なぜ、絶大な権力を持つ渡邉会長に、記者会見という手段で「反乱」したのかを考えてみましょう。少なくとも、記者会見によって自らの地位が危うくなることは想定内だったはずです。それでも「清武の乱」とも揶揄される会見に臨んだのは、一つには世間に公開することによって世論を味方につけようという目論見があったのではないかと推測されます。

渡邉会長は、自ら「独裁者」を自認し、ワンマンぶりを内外に見せつけています。ときには暴言とも受け取れる過激な発言で注目され、毀誉褒貶の激しい人物でした。清武氏はその横暴ぶりを暴露することで、世論の支持を得ようとしたのかもしれません。しかし、本人の思惑ほど支持は集まらなかったというのが実情ではないでしょうか。ワイドショーにも大きく取り上げられ、新聞各紙でも大きく扱われましたが、いわゆる有識者といわれる人々は、清武支持半分、不支持半分といったところでしょうか。一般市民の声としては、あくまで筆者自身の印象ですが、やや清武氏に分があったような気がします。

❖情報戦を決した、長嶋茂雄氏の鶴の一声

清武氏の「反乱」に対し、読売サイドも黙っていません。「解任」や「訴訟」といった法的手続きだけでなく、情報戦でも反撃します。

11月18日の清武氏解任を発表する桃井氏は、唐突に臨時取締役会に出席していた巨人軍終身名誉監督の長嶋茂雄氏の発言を暴露します。

「清武氏の言動はあまりにもひどい。戦前、戦後を通じて巨人軍の歴史で、このようなことはなかった。解任は妥当だと思います」

通常なら、取締役会の出席者の1人の発言を記者会見で披露するというのは異例です。そしてその意図は明らかです。

長嶋茂雄氏といえば、かつての国民的大スターで、いまも衰えぬ人気を博しています。その長嶋氏すら非難しているということを、世間に訴えたかったのです。

その日の夜、ニュースでテレビが街頭インタビューしたシーンが映し出されました。インタビューに答えていた若いサラリーマン風の男性は、当初、清武氏を応援する発言をしていましたが、長嶋氏の発言を聞くと、「えっ、長嶋さんが、そう言っているんですか?」と驚きの表情を見せました。

清武氏を擁護していた一般市民のなかにも、この若いサラリーマンのように、

清武氏を一方的に擁護する気が失せた人も多かったのではないでしょうか。

長嶋氏らしからぬ発言の謎

しかし、長嶋氏が清武氏を非難したという桃井氏のコメントには大いなる疑問を感じます。筆者は「長嶋茂雄」に関する出版に関わったこともあり、またいくつかの記事も書いています。長嶋氏本人と直接関わったことはわずかな回数ですが、過去の記事や周囲の人へのインタビューなどで、その人となりをある程度は知っているつもりです。その限られた情報のなかでの印象ですが、

「長嶋さんが、果たしてあのような他人を非難する発言をするのだろうか」

という大きな疑惑の念を抱かざるを得ません。この疑問については、ほかの有識者も同様の感想を述べており、たとえば野球評論家で元参議院議員の江本孟紀氏は、清武氏を非難する立場でありながら、「長嶋氏がそういった発言を行なったことに違和感を抱く」というコメントを出しています。

勝敗を決めたオーナーの情報暴露

では、真実はどうだったのでしょうか。以下、推測ですが、おそらく長嶋氏が発言したとされるコメントは、ほかの人間が発したのではないでしょうか。そこ

で「長嶋さんは、どう思われますか」と聞かれて、「ええ、まぁ、そうですね」と相槌を打ったことで、長嶋さんの発言としてすり替えられたのではないでしょうか。あるいは相槌すら打っていないかもしれません。単に黙って聞いていて、うなずいた、あるいは否定しなかったというだけで本人の発言とされるようなことはメディアではたびたび使われる手法です。

もう一つ、渡邉会長サイドが「上手」だったのは、清武氏の要求を暴露したこと。清武氏と巨人側とのやりとりで、

「自分も辞めるが、渡邉氏にも辞めてもらう。ただし、自分は監査役として残りたい」

と清武氏が言い出したことを、11月18日の清武氏解任の日に明らかにしました（清武氏は、監査役の要求については否定）。

清武氏の要求で、世論は一気に清武氏から離れました。

（結局は、保身のための記者会見だったのか）

という印象を与えてしまったのです。もし、これが本当であれば清武氏の手痛い失点であり、その失点を見逃さなかった渡邉氏の情報戦における勝利といえます。今後、この問題がどういった決着をつけるかは分かりませんが、少なくとも情報戦においては、渡邉会長側の勝利といえます。

第4節　敵を欺く前に味方を欺け

～能く士卒の耳目を愚にして、これをして知ること無からしむ～（九地篇）

指揮官は、たとえ自軍の兵士であっても、戦闘における意図、作戦の目的、構想を打ち明けてはならない。戦法を柔軟に変え、策謀もひんぱんに変える。そうすれば誰もがこちらの意図を知ることはできない。陣地を転々と変え、進路をたびたび変える。敵に、こちらの作戦意図を悟られることはない。敵を欺くには、まず味方を欺く。そうすれば、間諜がいたとしても、その目をくらませることが可能になる。

有力な情報は、誰でも欲しいものです。自分が欲しいということは、敵（ライバル）も情報を欲しくて仕方ないのです。フェイスブックやツイッターが活用される現在ほど、情報の秘匿に気をつけなければなりません。

❖重大情報秘匿のためにダミーを使う

かつて、独身時代の長嶋茂雄氏の結婚の行方が注目されていました。当時の長嶋氏といえばプロ野球の人気球団・巨人軍の看板選手でいわば国民的大スター。お相手となる女性も何人かウワサになり、週刊誌等でも報じられていましたが、どこのメディアも確たる情報を得ることができません。

しかし、とうとうその国民的大スターの結婚が秘密裏に決まり、親しいスポーツ紙記者だけが、その情報をつかみます。そしてスクープ特別版が編成されます。長嶋氏の結婚情報は、その特別版の記者のみに知らされ、カメラマンにも伝えられません。会社の上層部にも、ごくわずかの役員だけに伝えられます。

取材も慎重に行なわれます。けっして他紙に知られないよう、極秘に進められます。こうしてスクープ記事が作成されますが、事前に作成された「予定稿」には、その大スターの名前は入れず、ダミーの名前を使うという徹底ぶりでした。こうしてスクープ記事が世に出るまで、大スターの結婚は秘匿され続けたのです。

新製品発表の前に関係者をホテルに監禁する

情報の漏えいに神経を尖らせなければならないのは、スパイといった故意に情報を流すケースのほかに、不注意によって外部に漏れるケースも想定されるからです。正確な情報ではなくても、何かしら不自然な動向から、敵（ライバル）に新たな動きを察知されるリスクもあります。ある企業での話。新規事業の立ち上げが秘密裏に計画され、記者発表が行なわれる段取りが整えられました。しかし、ビッグニュースだけに、その記者会見前での情報漏えいに関しては、徹底的な防御策がとられます。なにしろ、ウワサだけでも株価が大きく変動しかねないだけに、社長以下、情報を知る役員たちはピリピリしています。全容を知るのは、社長とごくわずかな役員のみ。それ以外の関係部署の役員は、一部しか知り得ません。そして記者発表の数日前、役員は「研修」名目にホテルに「監禁」されます。

ホテルでは、まず宿泊する部屋すべてを、盗聴器が仕掛けられていないかのチェックをすることから始められます。役員は、１室２名。トイレと風呂以外は１人になることを許されず、お互いを監視する体制が敷かれたのです。携帯電話は指令室である社長の部屋のセイフティボックスに預けさせられます。機密保持は、組織の存亡に関わる問題のため、どこまでも慎重に行なわれなければなりません。

第5節　欲している顧客にターゲットを絞る

～戦いの地を知り、戦いの日を知れば、即ち千里にして会戦すべし～
（虚実篇）

戦いが起こる場所を正確に判断でき、また戦いが起こる日を正確に判断できたら、たとえ千里先の戦場であっても、戦力を集結させることができる。しかし、戦いが起こる場所を正確に予知できず、戦いが起こる日を正確に予知できなければ、たとえ今いる場所が戦場になったとしても混乱を極め、まともな用兵は期待できない。

自らに有利な場所と時間をよく知った上で戦いに臨めと、孫子は言います。営業にしろ広告にしろ、ターゲットをしっかり見定めて行なわなければなりません。乳幼児向けの製品を売り込むのに、老人ホームでプレゼンしても、その効果は見込めません。産婦人科などに商品サンプルを置くなど、顧客候補がいるところを攻めなければなりません。

❖ポイントカードで顧客にDM発送

そこで活かされるのが顧客データ。顧客データには、PART2で紹介したPOSシステムがあります。どんな顧客がどんな商品をどの時間帯に買ったかというデータをもとに、商品開発や仕入れなどを判断するのです。

このPOSシステムのほかに、顧客のデータ管理でポイントカードを使う小売店もあります。ポイントカードとは、買い物をするたびに金額に応じて顧客がポイントを貯められます。ある一定のポイント数に達するごとに商品その他の提供を受けられるシステムです。

カードには顧客の個人情報が入力されているので、どの人がどんな商品を購入したかのデータが蓄積できるようになっています。

山梨県を地場とする大手スーパーにオギノという企業があります。オギノは、このポイントカードを有効に使った営業戦略を立てています。

飲料メーカーや食品メーカーが新製品を出そうとします。メーカーはオギノとタイアップし、オギノはターゲットとなりそうな顧客にＤＭを送ります。

たとえば日本酒の新製品を市場に出すとき、オギノは、

「○○を1本お買い上げで20ポイントプレゼント」

といったＤＭを発送します。ポイントカードには30万人を超す顧客のデータがありますが、そのなかから焼酎と日本酒を購入した顧客1万人ほどに絞って発送します。数十万枚のチラシをばらまくなど大量の広告宣伝を打つより、効果的です。

大量の広告宣伝で売り出した新製品は、発売直後に売り上げが急激に伸びたとしても、固定客がつかず落ち込むパターンも少なくありません。ポイントカードのデータを使えばリピート率も把握でき、その後の生産量、仕入、在庫処分、販売計画の決定にも役立ちます。

ビールと発泡酒を一緒に陳列しない理由

このポイントカードのデータが顧客の購買行動を探り、商品陳列にも役立つといいます。

一例をあげると酒売り場の陳列棚。一般的な酒販売店やコンビニなどでは、ビールと発泡酒を並べて置きます。

ところがオギノの一部の店舗では、ビールと発泡酒を分けて陳列します。これは「発泡酒を買う顧客は、ビールより焼酎を一緒に買う傾向にある」というデータがあるからです。

同じ銘柄のビールや発泡酒の350ミリリットル缶と500ミリリットル缶を並べて置くのが一般的ですが、ここでは並べて置くようなことはしません。350ミリリットルを買う顧客は、たとえ同じ銘柄であっても500ミリリットル缶を買う行動はほとんどとらないというデータがあったからです。

細かいデータ分析を行なうことによって顧客の購買行動を読み取り、それに合わせた陳列を行なうことで売り上げを伸ばしたのです。

魚がいないところに釣り糸を垂れても魚は釣れません。

そこで漁師は潮目を見ながら、どこに魚がいるかを探りながら漁を行ないます。最近では魚群探知機で「どこに魚がいるか」をピンポイントで探り当てて、ターゲットに狙いを定めます。

ターゲットがどこにいるかといったデータ、情報はビジネスの上でも欠かせません。

PART4

情報4　虚

第1節　ニセ情報にダマされない

～是の故に諸侯の謀を知らざる者は、予め交わること能わず～（軍争篇）

周辺諸国の腹の内が分からなければ、緊急時のために前もって同盟を結ぶことはできない。山林、険しい地形、湿地など場所の特徴を把握できていなければ、軍を展開できない。また地元民の道案内を使えないようでは、地の利を活かすことができない。この三つの要素のうち、一つでも欠けるようであれば、覇者として軍を運用することはできない。

世の中には、トンデモ情報という、怪しげな話が溢れかえっています。それこそ都市伝説の類、真っ赤なウソ……。とくにインターネットの普及が、ガセネタ、あらぬウワサ、でっち上げ話を広める一因となっています。ネット上のトンデモ情報はともかく、ビジネス上での「偽情報」には気をつけなければなりません。

いかにもありそうなウソ話を信じてしまったばかりに、痛い目に遭うことも十分に考えられます。

偽メール事件になぜ民主党が欺かれたか

有名な例では、政権を取る前の民主党の大失態となった「偽メール事件」があります。偽メールとは、

「ライブドア元社長の堀江貴文氏が、衆議院議員に立候補する際に、自民党の武部勤自民党幹事長の次男に、選挙コンサルタント料として３０００万円を振り込んだ」

という内容のもの。

これを民主党の永田寿康議員が、衆議院予算委員会で追及し、堀江氏から振り込みを指示したといわれるメールを公開します。ところが、まったくの事実無根でメールもねつ造だったことがあとで判明します。

偽メールを作成した人物・Nは、かつて『週刊ポスト』誌で、ねつ造記事を発表するなど、あらゆる場で詐欺師的行為を働いていた人物。ダマされた永田議員も民主党も、もっと慎重に裏を取れば、ガセネタであることは見抜けました。メールの写しそのものにも、偽物ではないかと疑わせる点がいくつかありました。

情報の真贋を見抜くには、物事をあらゆる角度から見ることに加え、情報の発信元、あるいは情報提供者がなぜ、この情報を提供したかを考えてみなければなりません。

都市伝説を信じる人の思考回路

トンデモ話、都市伝説の類を話題にして盛り上がることもいいでしょう。しかし、あまり偽情報を振り回して信用を失ったり、あるいは偽情報に踊らされたりすることだけはやめたいものです。

偽メール事件後も、民主党の藤田幸久議員が国会で「9・11テロ」はアメリカの自作自演ではないか、といった陰謀説を取り上げ、ヒンシュクを買った事例があります。あまりにお粗末な指摘で、下手すれば政治生命すら終わりかねない顛末でしたが。この手のガセネタを流すほうにもちろん問題ありですが、信じるほうにも問題があります。9・11についての裏読み推論は諸説あるにせよ、国家の立法の場で根拠の不確かな情報で議論を交わすなど国民の代表として恥ずべき行為ではないでしょうか。

心のどこかに「本当だったらいいな」という願望があり、それが真実を見抜く目を曇らせているのです。

❖「空中浮揚」で信者を増やした麻原彰晃の手口

ＵＦＯやオカルトといった類の「偽情報」も数多くあります。こういったネタは、ほとんどガセであると証明されているにもかかわらず、新たな「手口」で出没してきます。

かつてオウム真理教の麻原彰晃が、空中浮揚ができると言い張っていました。信者もその言葉を信じていました。証拠写真もありました。

繰り返しますが、物事はあらゆる角度から検証しなければなりません。

証拠写真と称されるものはありますが、それらはすべて静止画。なぜ、動画がないのでしょうか。その疑問を、ぜひ、空中浮揚ができると言い張る人に問いたいものです。

オカルト雑誌『ムー』のなかで、麻原彰晃が空中浮揚している写真が掲載されたことがありますが、オウム真理教に批判的な立場から活動していた滝本太郎弁護士は、「この写真はトリックだ」と断言します。

オウム真理教は、ヨガ修業を一つの教義に据えていましたが、座禅を組んだまま跳躍するトレーニングも行なっています。その跳躍して空中に浮いている瞬間を、早いシャッタースピードで撮影すれば、「空中浮揚の写真」は出来上がります。事実、『ムー』に掲載されていた麻原彰晃の写真は、顔には力みがみられ、髪の毛も逆立っていました。

滝本弁護士は、同じ手口で自身が「空中浮揚」している写真を公開、それ以降、テレビ等のマスコミで「空中浮揚」が取り上げられることは少なくなりました。

では、オウム真理教の信者たちは麻原彰晃の空中浮揚を見たのでしょうか。信者のなかから、麻原が空中浮揚をしていたという証言は出ていません。

筆者のかつての仕事仲間のライターが、あるときを境に音信不通となったと思ったら、後日、彼がオウム真理教に入信したというウワサを聞きました。しかも幹部としてホーリーネームまでもらっていたそうですから、麻原彰晃の近くにいたのは間違いないでしょう（幸い、犯罪者として彼の名前は出ていませんが）。その男と接触した人物から聞いた話では、そのとき空中浮揚の話題が出て、「いや〜、尊師が修業しているときは、本当に一瞬、止まって見えるんだよ」と証言したというのです。麻原彰晃の空中浮揚の動画は出回っていませんが、修業で座禅の姿勢で跳躍している姿はテレビでも流されたことがありました。

その跳躍しているとき、「一瞬、止まって見える」程度なら、信者も見ているわけです。側近でも、本当に空中に「浮揚」している姿は見ていないわけです。（ちなみに、『超能力の手口』という本では、空中浮揚の手口を、小さなトランポリンを使っていると断じていました。確かに、空中浮揚していると言い張る写真は、すべて下にベルベットのような柔らかい敷物が置いてあります）

偽情報は「商売のネタ」になる

偽情報を流す、あるいはねつ造する立場の人間は、それによって利益を得るケースが多々あります。単に「みんなに賞賛されたい」「もっと注目されたい」といった小さな名誉欲もあります。

さらに、それに便乗して利益を得ようとする人間も絡んで、偽情報がはびこる一因となっています。

2000年に発覚した「旧石器ねつ造事件も」も、そのケースに当てはまります。

この事件は、考古学研究家のF氏が次々と発掘した日本の旧石器時代の遺物や遺跡がすべてねつ造されたものだったと発覚したものです。

手口は、他所であらかじめ入手していた石器等の遺物を、旧石器人が存在しない時代の地層に予め仕込んでおいて、次々と発掘したように見せかけたのです。周囲の研究者からの期待も高まり、そしてその期待に応えるように古い年代の地層から石器を掘り出し、やがてF氏は「神の手」と称されるようになります。

F氏のねつ造によって、「日本の旧石器時代の始まりは、アジアで最古の70万年前までさかのぼる」と教科書にも書かれ、宮城県の上高森遺跡、北海道の総進不動坂遺跡といった「遺跡」が旧石器時代の史跡として認定されます。

冷静に分析すれば、F氏のねつ造は、見抜くことも可能だったはずです。F氏が発掘したという石器が、火砕流のなかから出土するというありえないこともありました。

しかし、そういった不自然な石器発掘は、周囲の研究者からは無視されます。いや、無視というよりは、見て見ないふりをしたといったほうが適切な表現でしょうか。

さらに石器を文化庁主催の特別展に展示したり、あるいは出土した自治体に史跡を観光地として利用されたりしたことも、ねつ造を後押ししたとも言えます。なかには、村おこし、町おこし運動の一環として、「〇〇原人踊り」といったイベントや、「〇〇原人饅頭」といった特産品まで販売され、その期待を裏切ることができなかったのも、ねつ造を繰り返した要因の一つになっています。さすがにねつ造が発覚したあとは、こういった町おこしや特産品は姿を消しました。

ところが、ネッシーに代表される「UMA」（未確認生物）などは、あきらかにその存在が疑われるにもかかわらず、「必ず、いる」と信じ切っている人も多数います。いれば楽しい、いい話題になる、くらいならいいのですが、観光資源に利用したり、テレビのネタにしたりする目的で、煽り立てるのはいかがなものかと感じるときがあります。

話題になると、ウソが真実になる

未確認生物は、ネス湖のネッシーやヒマラヤの雪男など、世界各地に「伝説」として数多くあります。まず、ネッシーを検証してみましょう。

ネッシーは、イギリス、スコットランド地方にあるネス湖に生息しているとされる「怪獣」です。ネッシーを撮影したとされる証拠写真は数多くあり、そのなかで最も有名なのが、「外科医の写真」といわれるもの。

１９３４年に、ロンドンの外科医（実際は産婦人科医だったという説あり）のロバート・ケネス・ウィルソンが友人とともにネス湖に鳥の写真撮影のために訪れます。そこで偶然、湖面にあらわれたネッシーを撮影したというのです。デイリー・メール紙に掲載されるなど、大きな話題を呼び、その後、ネッシーといえば、この写真が使われるようになりました。

ところが1993年になって、クリスチャン・スパーリングという人物が死の際に、「あの写真はトリックだ」と証言します。証言者の養父が首謀者とのことで、ジョークのつもりだったのが、世界的な話題となったため、いまさら「トリックでした」と言い出せなかったというのです。

これ以降、テレビなどでネッシーが話題になることはほとんどなくなりました。しかし、世の中にはネッシーを信じる人はたくさんいます。信じるのは個人の勝手ですが、一度でも話題になると、「何かあるのでは」と思いたくなるのが人情のようです。あらゆる角度から研究・検証された結果、科学的には「ネッシーは存在しない」となっています。

存在するものを証明するのは簡単で、その存在するものを提示すれば、それが明確な証拠となり、証明はすみます。しかし、存在しないものを「存在しない」と証明するのは、困難です。数学の世界では、「背理法」によって証明も出来ますが、現実世界ではまず出来ません。「存在する」というなら、その実物を提示するなど、明確な証拠を示さない限り、「存在しない」ことを前提にするべきでしょう。

人間の不安心理をつくカルト商法

ネッシーと同様の存在が、日本にもあります。

鹿児島県・池田湖のイッシー、北海道・屈斜路湖のクッシーなどです。イッシーの場合、二十数人に一度に目撃されたり、さらにビデオカメラに湖面をうごめく姿が撮影されたりなど、その存在に期待が寄せられました。しかし、池田湖には2メートルを超えるオオウナギがいてそれを誤認したとする説、放流されたハクレンという魚が巨大化したとする説が有力視されています。

ところが地元でイッシーを観光名物にしている人々にとっては、オオウナギの誤認説などはタブーです。真実かどうかより、たとえウソでも「存在するかもしれない」と世間に思われることのほうが重要だからです。

ありもしない偽情報を、あたかも真実のごとく語るのは、居酒屋での話題とする程度の楽しみなら、別に罪もありません。しかし、そこに利害がからんで、自らの利益誘導のために、真実を捻じ曲げるのは問題です。ネッシーにしてもUFOにしても、人の好奇心をくすぐり、もし存在すればいいという人の期待感に訴えています。占いの類や霊感商法、カルト教団への勧誘は、人間の不安心理、恐怖心を突いており、まさに情報に対する判断を誤らせています。

第2節　数字のレトリックにダマされるな

〜算多きは勝ち、算少なきは勝たず〜（始計篇）

客観的にあらゆる角度から検討して、勝算が多ければ勝利をものにすることができる。しかし、勝算がなければ、勝利することはできない。まして、勝算があるかどうかも検討しないような者は、負けは目に見えている。あらゆる角度から勝算を検討していけば、勝敗の行方は見えてくるものだ。

どんな書籍だったか、どんな内容で、前後関係も覚えていませんが、次のような記述がありました。

ある地域（国？）での戦争は、兵士の死者と民間人の死者を比較して、民間人の死者数が多いというデータを前置きした上で、

「このことから、生き残るには、兵士になったほうが助かりやすいと言える」

と断じているのです。

世の中には「まやかし」がたくさんある

活字になっている文章だけに、わが目を疑いました。いかに、このロジックがおかしいか、わざわざ説明しなくてもお分かりだと思います。

つまり、兵士と民間人の死者数を比較するなら、その母体数も出して比較するべきです。

分かりやすく、説明すると、

「Aグループ、10人。そのなかから3人犠牲になって、死んでもらいます」

「Bグループ、1万人。そのなかから10人犠牲になって死んでもらいます」

という「究極の選択」があったとします。

もし、あなたがどちらかの選択をしなければならないとしたら、どうしますか。

Bグループのほうが死ぬ人の数が多いからと言って、Aグループに入りたいとは思わないでしょう。これは極端な例ですが、世の中にはこんな「まやかし」がいくつも存在します。広告だったりテレビ等メディアの「演出」「やらせ」だったりしますが、仕事の上でもそういった「情報操作」にだまされないようにしたいものです。

以下、いくつかそういった事例を挙げます。

「宝くじ」広告の巧妙なレトリック

2010年のいわゆる「事業仕分け」の対象になったことで注目を浴びた「宝くじ普及宣伝の事業」。このニュースのおかげで地下鉄に乗っているとき、宝くじの社内吊り広告に思わず目が留まってしまいました。

(あ~、これがやり玉に挙がっている宝くじの広告か……)などと眺めていると、そのなかにあったコピーに思わず、吹き出しそうになりました。

「高額当選金に当たった人たちに共通すること」として、いの一番に挙げられていたのが、

「数多く宝くじを買っている人」

(当たり前や~)と突っ込みを入れたくなりましたが、本当に当たり前のことで

す。それをわざわざ大金を使って広告にするか！ と思わず怒りすら覚えて、（これでは、事業仕分けの対象になっても仕方ない）と痛感したものです。

当たり前のことをことさら強調する手法もあれば、次のようなレトリックで人の心を誘導することもあります。

この宝くじの広告を目にしたあとのことです（一つ何かしら「問題意識」を持つと、関連する情報に人の注目はいくものです）。

ある駅頭で知人と待ち合わせしました。約束の10分前につきましたが、中途半端な「あまり時間」だったため、そのまま駅改札を出たところで待っていました。人の行き来を見ながら目に留まったのが宝くじ売り場です。銀行の出入り口の横にあるような売り場窓口ではなく、小さなボックスになっている売り場です。

私は、待っている間に「何人の人が宝くじを買うか」数えることにしました。ところが待っているおよそ10分間の間、誰1人買う人はいませんでした。

なぜ、こんなことに興味を持ったかというと、前出の宝くじの広告の件もありましたが、もう一つ、たまたま数日前に「よく当たる宝くじ売り場」として名高い、有楽町の宝くじ売り場を目撃したということもあります。有楽町駅の前でしたが、通りかかると長蛇の列ができていました。何があるのかと、わざわざ列の先頭まで見に行きました。そこにあったのが宝くじ売り場でした。

しかも売り場の窓口は、一つや二つではなく10近くもあるかと思われる前に、長蛇の列。売れる宝くじの枚数も桁外れに多いはずです。正確に計測したわけではありませんが、おそらく1人当たりが購入するのに1分とはかからないでしょう。30秒とすると10分に20人のお客さんが宝くじを買う計算です。

駅頭で目撃した宝くじ売り場では、人通りの多い時間帯であったにもかかわらず、10分間の間に1人も宝くじを買っている人はいませんでした。私が、その宝くじ売り場を見ていたのはたまたま、その10分間だけですから、「統計データ」としての価値はまったくありませんが、少なくとも有楽町駅前の「よく当たる売り場」とは比較にならないほど購入者は少ないはずです。

でもその駅頭の売り場で「10分に1人」が買ったとしても、人数的には10分の1、20分の1の数。当然、売り出される宝くじの枚数も多くなるわけで、当選する数も多くなるのは必然でしょう。

「よく当たる売り場」で買っている人は、そのことをどこまで知っているか、疑問です。宝くじも、「夢を買う」「楽しみの一つ」ととらえて、長蛇の列に並ぶのも「イベントの一環」ぐらいに思えば罪もありませんが、「よく当たる」という風聞に惑わされて、余計な時間的コストをムダにするのはもったいないことです。

数字のまやかしにだまされない

同じような「レトリック」は、テレビ、雑誌等に使われます。

次のケースは、あるテレビの特番で目撃しました。

取り上げられていたテーマは、「懸賞でよく当たるコツ」。懸賞の名人なる人物が登場して、テレビや雑誌の懸賞に当選するコツを披露していました。そのうちの一つに、

「10枚のハガキを出すなら、1日にまとめて出すのではなく、1日1枚、10日間に分けて出せ」

というテクニックです。私は、てっきり、同じ応募者はハガキ1枚に絞られることでもあるのかな、などと考えていました。

名人は、某食品メーカーが出した懸賞「宇宙旅行プレゼント」を引き合いに出しました。このようなビッグ・プレゼントには応募者はかなりの数に上ると説明。そして一日に届くハガキ数は膨大なものになり、1日ごとに段ボール箱に入れられます。

そして抽選のときは、まずどの段ボール箱から当選ハガキを選ぶか、「予備選」が行なわれるというのです。そして選び出した段ボール箱から、1枚の当選ハガキを選ぶというもの。

名人は、まず予備抽選で落ちないために、毎日ハガキを出せば、予備抽選で1枚のハガキは「最終抽選」に残る、と主張します。確かに、名人のおっしゃる通りに違いないでしょう。しかし、最終的に当選する確率は、1日に10枚出そうが、10枚のハガキを10日間に分けて出そうが、同じということです。

それぞれの確率の計算式は、左の通りです。

懸賞の名人は、別にうそをついているわけでなく、ただ自分のやり方が正しいと思っているのでしょう。つまり、懸賞の名人が、数多く懸賞に当たっているのは、単に数多く応募しているからであり、その一番の要因を上回るテクニックはないものと思われます。

ただ、名人はそのことに気がつかず、自分が使っているテクニックが当選の確率を高めていると信じ切っているのです。まさに「鰯の頭も信心から」の諺が当てはまると言ったら失礼でしょうか。

しかし、テレビ番組制作者の立場からすれば、「それを言っちゃあ、おしまいよ」ということで番組が成り立たず、過剰ともいえるレトリックが使われるのです。テレビ番組を制作している人間が、そのことを果たして知っていたかどうか、知っていれば確信犯ですが、まあ、娯楽の範囲と割り切れば、目くじらを立てることもありません。

●1回にまとめても10回に分散しても当たる確率は同じ

トータルとして1000通応募。1日100通の応募という前提

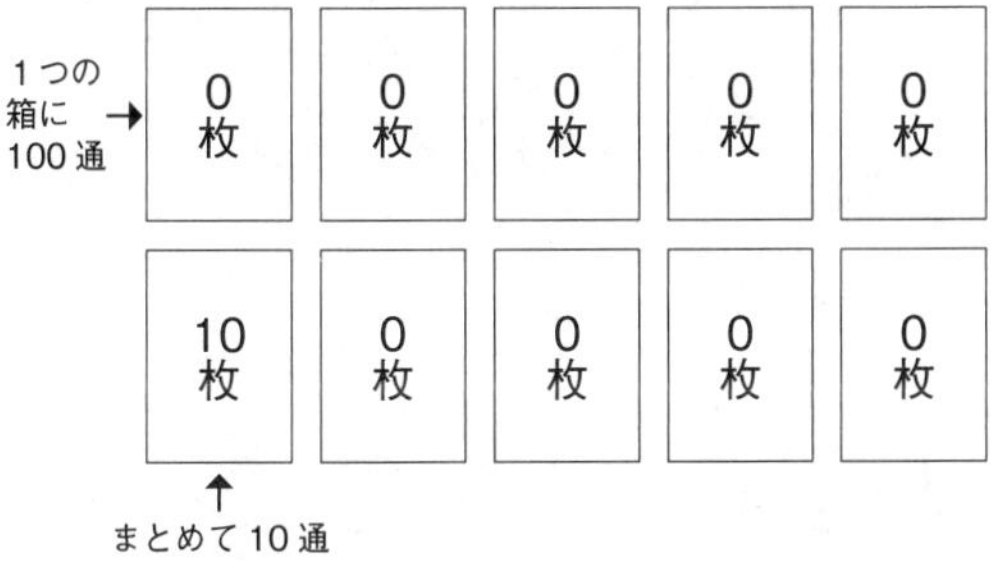

$$0+0+0+0+0+\left(\frac{10}{100}\times\frac{1}{10}\right)+0+0+0+0=\frac{1}{100}$$

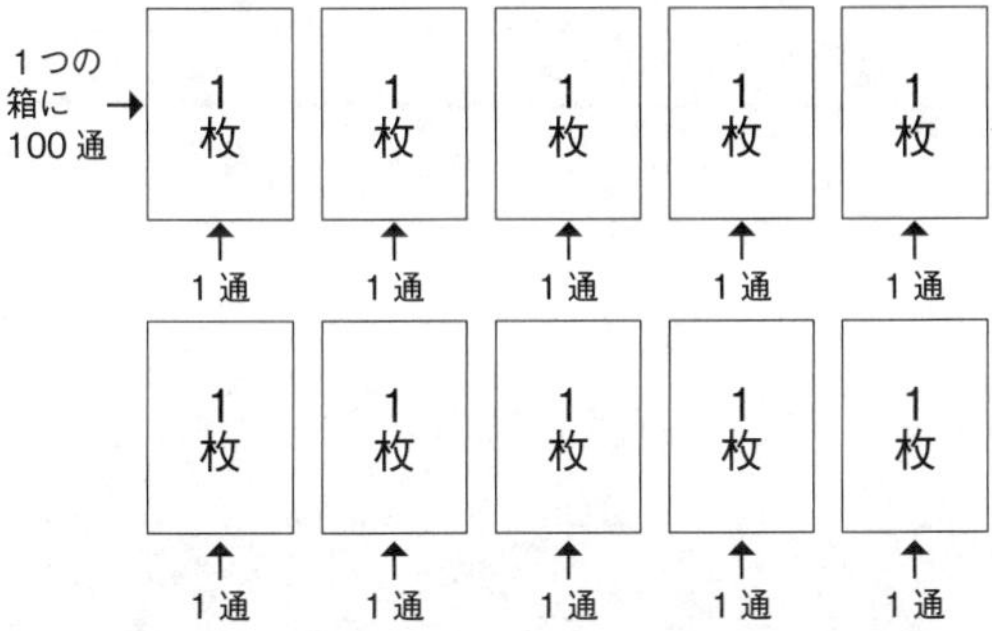

$\frac{1}{100}\times\frac{1}{10}\times10=\frac{1}{100}$ …結果として同じ

第3節　情報のなかの「ウソ」を見抜け

〜近くして之に遠きを示し、遠くして之に近きを示す〜（始計篇）

近くにいるときは、敵には遠くにいるように思わせる。遠くにいるときは、近くにいるように思わせる。敵に目先の利益をちらつかせて、罠にかける。敵が混乱したところでこれを撃退する。戦争の本質は、敵をダマすことである。逆に言えば、敵にダマされることなく、状況を正確に把握することが、勝利への近道である。

前項で紹介したように、情報には多くの「うそ」が含まれていることも多いのです。あるいは、真っ赤なうそとは言えないが、多分に情報を受け取った側が、誤った印象を受けるように仕組まれるレトリックです。セールスで配布される資料などを読むときには、細心の注意が必要です。

自分たちに都合悪いデータは出されない

たとえば、この原稿を執筆している2012年4月現在、日本がTPP（環太平洋パートナーシップ）に参加するかしないかで国が二分された感がある状態です。ここでTPPの是非を論じるつもりはありませんが、面白いのが、推進派の経済産業省と反対派の農林水産省が出すデータが、まったく異なるという点です。

それぞれの立場、省益の関係で賛成派、反対派に分かれるのは当然といえば当然です。しかし、TPPに参加したときの「利益」を経済産業省が算出した数値と、参加したときの「損失」を農林水産省が算出した数値の、あまりの隔たりがあるという事実に唖然とするばかり。それぞれが、自分たちの主張を通しやすいように、「恣意的」に都合のいい部分だけを取り上げ、強調しているのが歴然としています。もちろん、両者が出す数値の根拠、切り口、基準がまったく違うことで数値の違いが出ているわけですが、その数値を出す根拠や切り口といったそのものが「恣意的」に選ばれているといっていいでしょう。

つまり自分たちに都合が悪いデータは、出さないようにしているわけです。データを受け取る側としては、その点を勘案しながらデータを細分化、分析しなければなりません。そして「相手がこの情報を提供してくれたのは、どんな意図があるのだろうか」などもよく吟味します。

情報やデータは、あらゆる角度から見て検討しろと繰り返していますが、相手の立場に立って状況を見れば、相手の意図も見えてくるものです。

❖「セール」より「消費税割引」に客が殺到！

たとえば、チラシや店頭の宣伝文句には、お客を「釣る」ためのレトリックが溢れています。多くの消費者は、あまりに慣れっこになっているので、ストレートに受け入れることは、あまりないでしょうが。

たとえば宣伝文句にある、

「SALE」（→「いつもSALEばかりじゃないか」）

「2割引き」（→「いつも2割引きじゃないか。もともとがその価格なんだろう」）

「目玉商品」（→「わずかな数しかない。あっという間に売り切れて、高い商品を買わせようとしているんだ。電池の安売りで釣って、高価なブルーレイを買わせようとしている」）

といったようなありきたりの宣伝文句の裏側を、販売側の意図（カッコ内）を、ほとんどの消費者は読んでいます。

面白い例があり、「○割引き」では宣伝文句としては効果が薄いというので「消費税分をオマケ」というチラシを撒いたら、どっとお客が押し寄せたというのです。つまり消費税分引きは5パーセント引きと同じことですが、その宣伝文句では効果はなかったでしょう。それどころか、それを上回る10パーセント引き、20パーセント引きでも、「消費税分オマケ」の宣伝文句には及ばなかったと推測します。

では、この「消費税分割引きセール」がいつまでも通用するかというと、それも疑問です。今現在、消費税増税が議論されていますが、増税直後には同様の「宣伝文句」が並んで、それなりに支持されるかもしれません。

しかし、効果は一時的なものでしょう。同じ手法を繰り返していても、賢い消費者はいつか、そのレトリックに気がつくはずです。

「そんなに儲かるなら、あなた買いなさい」

世の中に「オイシイ話はない」「カンタンな儲け話はない」といいますが、確かに見ず知らずの営業マンから、おいしい話を持ち込まれたら、まず疑ってかかるべきでしょう。

商品コピーの「お買い得品」のお買い得で、得するのは売り手。こんな当たり前のことでも、世の中にはだまされる（とまではいかなくても）人はいるものです。

よく金融商品の営業マンから勧誘の電話がかかってきていました。時間があるときは、暇つぶしに相手していましたが、面白いやり取りもあります。

「絶対に儲けられる」という勧誘文句は、いまでこそ禁じられていますが、かつては盛んに使われたものです。

営業マンは、「お客さまに儲けていただきたい」というセールス・トークで接してきますが、もちろん営業の第一の目的は、自らの成績をあげて収入を多くするという目的です。でも営業マンは、そんなことはおくびにも出しません。それでも、うっかり営業マンの勧誘に乗せられてしまうのは「儲けたい」といった欲目が、情報を正確に分析する目を曇らせてしまうのです。

私はそういった営業マンに、

「どうして『絶対に』儲かると言えるんですか？　この金融商品は、元本保証じゃないでしょう」

とつっかかります。さらに、

「そんなに儲かるなら、アナタ買いなさいよ」

と突っ込みます。すると、

「いやー、買いたくても、立場上、買えないんですよ」

と言ってきます。確かに、証券会社の人間なら、株の取引は法律で禁じられているので、株の売買はできません。確実に儲けられるので本当は買いたいのだけど、買えない、と強調し、さらに勧誘してきます。私は言い返します。

「じゃ、こうしましょう。本当に儲けられるなら、アナタ、私に100万円貸しなさい。それで儲けた分は山分けでどうですか。できますか」

そうすると向こうは絶句して、それ以上、勧誘はしてきません。

話は本筋からそれましたが、おいしい話を持ってくる人間の立場になって、(なんで、この相手はこちらにこの話を持ってきたのか)

ということを考えてみることです。相手の不都合な部分も見えてきます。

情報提供者は、都合のいい部分だけを伝えてきますが、相手の立場に立てば、不都合な部分も見えてくるものです。

第４節　情報を流す側の意図を探る

～辞、卑くして備え益すは、進むなり～（行軍篇）

敵の軍使の言葉が卑屈ではあるが、その一方で戦闘準備を進めているのは、間もなく進撃してくる。敵の軍使の言葉が強硬で、なおかつ前進してこようとする気配を見せているのは、退却しようとしている。敵の使者が突然に休戦を申し入れてくるのは、何かしら企んでいる。軽戦車が出てきて、敵軍の両側を固めているのは、戦闘準備を行なっている。敵の兵士が慌てて隊形を組み、整列しているのは、敵が進撃しようとしている。敵が一進一退で進撃してくるのは、こちらを誘い出そうとしている。

『孫子』の「辞、卑くして～」の意は、「敵の使者の言い方が、へりくだっていながら、その一方で戦いの準備をしているのは、攻撃をしかけようとしている」ということになります。『孫子』では、具体的な局面で、敵の様子から、その意図を解説していますが、重要なのは、敵の行動には必ず理由があり、それを見抜くことなのです。

これは相手の動静からその意図を探れということですが、ここでは「情報」を流す側の意図を探る必要性を考えてみましょう。

ボージョレ・ヌーボーは「毎年、最高の出来」

毎年、秋も暮れゆくころに流れるニュースの一つに「ボージョレ・ヌーボー」があります。フランスでその年に収穫されたぶどうを使って生産されたワインで、11月の第3木曜日が解禁日ということで、日本でもそのボージョレ・ヌーボー解禁日は、お祭りのようにメディアでも取り上げられます。「初出荷」「新酒」ということで、盛り上がっているようですが、筆者が飲んだ限りでは、あまりおいしいと思ったことはありません。ワインの好みや楽しみ方は人それぞれだからいいのですが、筆者にはなんで大騒ぎするのか理解できませんでした。

そして疑問に思ったのが、メディアで喧伝されるボージョレ・ヌーボーに対する評価が、「今年は最高の出来」といったような内容が、毎年続く点。気になって過去10年のボージョレ・ヌーボーへの評価を拾ってみました。

1995年「ここ数年で一番出来が良い」
1996年「10年に1度の逸品」
1997年「1976年以来の品質」
1998年「10年に1度の当たり年」
1999年「品質は昨年より良い」
2000年「出来は上々で申し分の無い仕上がり」
2001年「ここ10年で最高」
2002年「過去10年で最高と言われた01年を上回る出来栄え」「1995年以来の出来」
2003年「100年に1度の出来」「近年にない良い出来」
2004年「香りが強く中々の出来栄え」
2005年「ここ数年で最高」
2006年「昨年同様良い出来栄え」
2007年「柔らかく果実味が豊かで上質な味わい」

2008年　「豊かな果実味と程よい酸味が調和した味」
2009年　「50年に1度の出来」
2010年　「1950年以降最高の出来といわれた2009年と同等の出来」
2011年　「近年の当たり年である2009年に匹敵する出来」

これを見る限り、ボージョレ・ヌーボーは「毎年、最高のいい出来」という印象を受けてしまいます。およそ10数年の間に、50年に1度、100年に1度という表現が乱発されて、どれを信じていいのか分からないほどです。テレビや新聞で伝えられるこの「賛辞」は、第三者の評価ではなく、あくまで業者が出した評価ということです。

利害関係が絡まない第三者の評価ではなく、利害が絡むところからの評価をそのまま垂れ流すメディアも問題ですが、情報を流す側の背景を探らないと、鵜呑みにしてはいけないということです。このような宣伝文は、お祭りのお噺言葉、くらいにとらえて楽しむというスタンスがいいのかもしれません。

活字やテレビ情報は、まず疑う

人にはおかしな習性があり、活字になった情報やテレビで流す情報は、権威があるもので必ず正しいという思い込みがあります。

しかし、最近テレビを見ていて気になるのは、「お詫びと訂正」が多いという点。人がやることですからミスはつきものですが、それにしても以前に比べて多くなっています。

一つには、制作現場が「劣化」しているという事情もあります。時代を反映して制作費が削られ、人員も減らさざるを得ません。結果としてチェック機能が甘くなっているという事情もあります。

筆者もメディアの片隅に身を置いている以上、まったくミスがないわけではありません。だからこそ、そのあたりの事情は十分すぎるほど理解できます。しかし人為的に歪められた情報には、うっかりするとだまされてしまいかねません。

虚偽とまではいかないにしても、恣意的に操作された情報、あるいは偏向報道、誇大表現には、どう対処すればいいのでしょうか。

決定的な手段はありませんが、前に紹介したように、「情報（データ）に対し、あらゆる角度から検証する」「複数の情報源で確認する」

といったことを繰り返すしかありません。

何より、新聞に書いてあることだから、テレビで言っていることだから、と鵜呑みにするのではなく、まず疑ってかかることです。

ヤラセ演出を見抜けば、取引先にだまされない

テレビ番組に「演出」はつきものです。しかし、その演出が行き過ぎて「ヤラセ」までエスカレートしてしまうと、これは問題です。

バラエティ番組でお遊びとして楽しむ程度なら、構わないでしょう。しかし、人の恐怖心を必要以上に煽り立てたりするような内容には、厳しい目を向けなければなりません。

いわゆる霊感商法やオカルト商法に利用されるケースも多いのです。

霊感商法に関連する問題は、後述するとして、テレビその他の過剰な演出を、どうチェックするか、あらゆる角度からの検証で、ある程度見抜けるものです。

一例を挙げると――。

「ヤラセ」で名を馳せたテレビ番組の一つに昭和52年スタートの『水曜スペシャル』の「川口浩探検隊」があります。ジャングルなどの辺境地に探検にいくという設定ですが、毒蜘蛛や毒蛇に襲われたり、底なし沼に落ちたりといったスリル溢れるシーンが続出しますが、その多くが「ヤラセ」。

後年、歌手の嘉門達夫が「ゆけ！　ゆけ！　川口浩‼」という、そのヤラセを

皮肉った歌をヒットさせています。娯楽番組ですからそう目くじらを立てる必要もないのですが。だまされて悔しい思いをしないためには、その見抜き方も知っておきたいと思います。

同じような探検番組に、タイトルは忘れましたが、次のような内容がありました。

奥深い山中に、垂直に切り立った深い洞穴があります。そこに「姥捨て」が行なわれたという伝説があるというので、探検隊を結成して確認しようという2時間番組でした（川口浩探検隊ではありませんでした）。

数十メートルもの深い穴をロープで伝って降りると、中には長年落ちてきた泥が小山を形成しています。そこを少しずつ掘っていくと、数本の骨が発見されます。

探検隊は、線香に火をつけて合掌します。

「こんなところで亡くなって、何十年もほったらかしにされて……」

としみじみつぶやきます。

ところが――。そのあと掘り進めると、骨が出るわ出るわ。何百年どころか何千年、何万年もの間に洞穴に誤って落ちた動物の骨です。

その骨を鑑定のために研究所に持ち込みます。研究所のテーブルには、山のように骨が積み上げられます。一つ一つの骨を鑑定すると、イノシシの骨だったり鹿の骨だったり。人間の骨は出てきません。

その「山のように」積み上げられた骨のなかに、どうしても何の動物か分からない骨が3本だけありました。

番組の最後に、その3本の骨1本1本を大写しにし、さらに大げさな効果音を流しながら番組は終わります。

つまり、その3本の骨が「姥捨てにあった人間の骨ではないか」と思わせる演出です。しかし、その骨が人間の骨ではないことは、ちょっと考えてみれば分かること。

何百年何千年分もの獣の骨が残っているのであれば、たかだか数十年前にそこで亡くなっている人の骨なら、数多く残っているはずです。

判定不明の骨も、もし人間の骨であれば、おそらくそれを断定できたでしょう。なにより、その骨が「人間の骨であるかどうか」を番組に出てきた研究者に問いただせば「いや、人間の骨ではないです」という回答があったはずです。

取材する側としては、当然の基本的なスタンスであり、それを行なっていないとすれば、あまりにお粗末。おそらく人間の骨ではないことを確認しておきながら、番組ではそのことを伝えていないのです。

もし番組でそれをバラしてしまっては「姥捨て」が行なわれた、それを検証するという番組そのものが大きな意味を失い、視聴者へのインパクトが弱くなってしまいます。

このように、違った角度から検証してみれば、演出する側の「ウソ」もある程度は見抜けるものです。

※言葉の受け取り方は人により異なる

何気なく普段使っている言葉が、人それぞれが違う意味にとらえているといったら信じるでしょうか。

パソコンといったら誰でもパーソナルコンピューター（ＰＣ）を指すでしょうし、車といったら自動車を思い浮かべるでしょう。

でも車といっても、さまざま。とっさに乗用車を連想する人もいれば、農村で農作業している人は4トントラックを思い浮かべるかもしれません。

もっといえばガソリンエンジンがなかった時代には、車と言えば荷車や牛車を思い浮かべたでしょう。

時と場所、状況によって言葉の持つ意味合いは違ってきます。

たとえば「色」を示す言葉で説明しましょう。

「赤」という色があります。赤と聞いて、たいていの人は、1色しか思い浮かべないでしょうが、実は赤色には、無限の種類が存在します。

印刷では、赤色を指定するときは、インクの配合を使います。

インクは通常、「Y」（イエロー）、「M」（マゼンダ）、「C」（シアン）、「B」（ブラック）の4種類があり、その4つのインクを配合してすべての色をあらわします。

赤なら「Y100　M100」とあらわし、キンアカなどといわれ、これがいわゆる真っ赤です。

青は「C100」であらわします。

この「Y100　M100」（赤）と「C100」（青）を混ぜれば紫になります（Y100　M100　C100）。

ところが、この紫と赤の間にも無数の色が存在します。赤と紫の間、たとえば、「Y100　M100　C50」は、「赤紫色」などと表現するとしましょう。逆に、紫と青の間には「青紫色」と呼ばれるような色（たとえば「Y100　M50　C100」）が存在します。

さらに「赤紫色」と「赤」の間にも色は存在します。

たとえば、「Y100　M100　C30」など。インクの調合を微妙に変えれば、さらに無限の数の色が存在します。
「Y100　M100　C5」
「Y100　M100　C10」……
それぞれに色としての特別な名称はありません。同じ色でも「赤」という人がいるかといえば、「赤紫」と表現する人もいるかもしれません。つまり、「赤」と「赤紫」の間に明確な境目はないのです。

「赤みが強い紫色」「赤に近い赤紫色」などといった言語で表現することになるでしょう。正確には「Y100　M100　C20」といった表現が、正確な色を示す「記号」ですが、日常会話で「Y100　M100　C20の色」といった使いかたはしません。

人によって同じ色でも、呼び方が違ってくるのです。逆に言うと「赤」という色は、人によって異なってくるのです。

これを「恣意性」といいます。言語と、その言語が指し示す意味には、必然的なつながりはないのです。

情報を分析するにあたっては、この言語の恣意性にも注意しなければなりません。企業の誘致パンフレットなど、意図的にこの恣意性を使い、巧みに契約意欲をそそるような仕掛けがほどこされたりしますから。

「公平」「中立」は存在しない

新聞やテレビといったマス・メディアは公平性・中立性を求められます。

では、マス・メディアが伝える情報は果たして公平で中立なのでしょうか。答えは「NO」。

そもそも「公平」「中立」を決める基準があいまいであり、存在しないからです。よく「偏向報道」などという言い方もされますが、その基準もあいまいです。見る人の立場によって違ってきます。

それこそ、情報発信する側の「恣意」によるものが多いのです。それが、ある目的を持った「意図的」な線引きとなると、いろいろな問題が生じますが……。

分かりやすい例を挙げると、ニュースの扱い。同じニュースでも、伝えるメディアで順番が違ったり大きさが違ったりします。
A、B、Cのニュースがあったとします。新聞によって一面のトップ扱いにするか、紙面でどれだけのスペースを割くかはその新聞社の判断です。あるいはテレビで、どの順番で伝えて、どれだけの時間を割くかも同様です。
ニュースの重要度によって順番やスペースといった扱いは異なってきます。

しかし、メディアによってA、B、Cのニュースの扱いは違ってきます。ある新聞はA、B、Cの順番の大きさだったとします。しかし、別の新聞ではC、B、Aの順で大きかったなどというケースは珍しいことではありません。

分かりやすいケースでいうと、一般紙とスポーツ新聞では、同じニュースでも扱いが当然違ってきます。芸能人の結婚ニュースなどは、スポーツ新聞では一面で報じられますが一般紙では、ベタ記事となります。

日本経済新聞（以下、日経新聞）の一面トップで取り上げられるニュースが、他の新聞ではトップで扱われることは少ないものです。

さらに同じニュースでも、その日にどれだけ重大なニュースがあったかどうかによって、扱いも変わってきます。ほかに重大なニュースが相次いだときは、扱いは小さくなるか、あるいはニュースそのものが掲載されなくなることもあります。しかし、とくに大きなニュースがないときは、相対的に大きな扱いとなってしまいます。

このニュースの扱いも「恣意的」といえます。

よく例として挙げられるのは、読売新聞の巨人軍に関するニュースの扱い。プロ野球の人気球団、読売巨人軍の親会社は読売新聞社。そのため運動面では、巨人軍の扱いが大きくなる傾向があります。これに対しての批判もあるようですが、そもそもプロ野球自体が、ほかのスポーツに比べて大きく扱われているという事実があります。

運動面で大きく扱われるスポーツといえば、オリンピックの時期を除けば、プロ野球に匹敵するのは大相撲かJリーグくらいなもの。記事のスペースを決める要素としては、国民の関心の度合い、人気、あるいは催された試合などが権威あるものなのかに大きく左右されます。それを無視して、すべてのスポーツを「公平」に同じ大きさで扱えというのは、無理な要求というものです。

ＮＨＫなどのスポーツニュースなどでは、プロ野球の各球団の扱いはほぼ同等に扱っているようです。

しかし、読売新聞はあくまで民間企業。巨人軍の扱いだけ大きくしたとしても、そう目くじらを立てる必要もないのではと思います。巨人ファンを意識した紙面づくりであり、それぞれほかの球団を大きく扱う新聞もあるわけですから。

しかし、公共性が問われるニュースとなってくると、微妙な問題をはらんできます。

一例を挙げると、選挙。

候補者の顔ぶれを伝えるのに、候補者の扱いはけっして「公平」とはいえません。ＮＨＫが流す政見放送は各候補者に公平に時間が割り当てられますが、そのほかのニュースでは、どうしても格差が生じます。

これは衆議院議員選挙といった国政選挙より、都知事選挙といった首長選挙のほうが顕著になる傾向があるようです。有力候補、大政党の公認候補の動向を扱うスペースは大きく、無名のいわば泡沫候補の扱いは小さくなります。

選挙戦はいかに知名度を上げるかが重要なポイントになります。あまり知名度がなく、あまり大きく報道されない、いわば「泡沫候補」にしてみれば、「メディアが有力候補の知名度を上げている。そこには中立性、公平性がない」という不満が生じます。

都知事選などは、毎回10人以上も立候補者がいるにもかかわらず、メディアがスポットを当てるのは有力候補者4~5人だけ。有権者からしてみれば、メディアが大きく扱う候補者のなかから選ばなければならないという錯覚すら抱かされます。しかし、報道の公平性、中立性については、各メディアの判断に委ねられているというのが実情です。

新聞記事の大きさにも「社の事情」がある

しかし、情報を発信する側のある「事情」で、扱いが変わってくることもあります。そうなると「恣意的」というより「意図的」に情報を伝えるという状況が生まれます。

その「意図」が大きな問題をはらみ、情報を受け取る側としては、その意図を読み取らなければなりません。

例を挙げましょう。

２００６年12月31日付の新聞で、

「トヨタが60億円申告漏れ」

という報道がなされました。一面ではなく、扱いもさほど大きい扱いではありませんでした。

その記事を見たとき、もの凄い違和感を抱いた記憶が鮮明に残ります。

なぜなら、ほんの数か月前、某企業の申告漏れの報道がなされ、その記事が同じ新聞の一面を飾っていたのです。その企業の申告漏れの額は、トヨタ自動車より低い数値でした。それでもトヨタ自動車の申告漏れの記事より、はるかに扱いが大きかったのです。

記事の扱いは、恣意的な側面もありますが、他のニュースとの兼ね合いもあります。同じ重要度のニュースでも、ほかに重大なニュースがあれば、仕方なく扱いは小さくなります。とくに重大なニュースがなければ、扱いは大きくなってしまいますが、トヨタ自動車の報道がなされたとき、とくにほかに重大なニュースがあったわけではありません。

この記事の扱いに違和感を抱いた人は多いようで、たとえば『トヨタの闇』（渡邉正裕　林克明　ビジネス社）という本にもこの一件は詳しく紹介されています。この本はトヨタ自動車の問題点を追及した本なので本書のねらいとは違いますが、その問題点を指摘しています。

つまりトヨタ自動車は莫大な広告宣伝費でメディアの「口封じ」を行なっているというのです。「口封じ」は大げさですが、広告収入に頼り切っているメディアは、スポンサーであるトヨタ自動車に気兼ねして、都合の悪い記事は掲載しないか扱いを小さくしているというのです。

本書はあくまで、情報の読み取りかたを視点に置いているので、企業がマスコミ対策として広告宣伝費を使っている事実は、ここでは論評しません。また、スポンサー企業に遠慮して記事の扱いを左右するメディアの姿勢も、いろいろ問題があるでしょうが、ここでは問いません。あくまで情報を受け取る側の問題として扱います。

（引き合いに出されたトヨタ自動車はいい迷惑だったかもしれません。また、トヨタ自動車へ「遠慮」した新聞も、その立場を考えれば、メディアとしての倫理観はともかく、経営的には理解できる面もあります。最前線の記者の立場としては忸怩たる思いもあるでしょうが、私が経営者の立場だったら、同じ判断をした

かもしれません）

結論としては、マス・メディアからの情報を受けとめるときには、メディアは企業から莫大な広告宣伝費を受け取っているという事実を忘れてはなりません。

これは新聞やテレビ（NHKを除く）以外に、雑誌にも当てはまります。新聞やテレビは、スポンサー企業といえども、不祥事についてはさすがに伝えなければならないときは、扱いを小さくするという「意図」はあるにせよ、雑誌にいたっては、まったく触れないという手段がとられます。

そういう意味では、広告収入に多く依存している雑誌のほうが、「スポンサーへの遠慮」は顕著かもしれません。

私は長年、男性向け月刊雑誌に携わっていましたが、やはりいくつかの「タブー記事」がありました。いわゆる自己啓発系の記事も多く掲載していましたが、「禁煙」に関しての記事を取り扱うことはありませんでした。

雑誌に日本たばこ産業の広告が入っていたからです。

「食品偽装」が糾弾され「報道偽装」が追及されない

新聞や雑誌に取り上げられる記事の重要性は、そのときどきによって違ってきます。何かしら一つの事件が社会問題化すると、それに類するささいな事件も大きく扱われるケースも目立ちます。

２００７年の「今年の漢字」に選ばれたのは「偽」という一字でした。この年、食品偽装問題が多発したのです。ＰＡＲＴ５でも説明しますが。雪印牛肉偽装事件をはじめ、消費期限偽装、賞味期限偽装が相次いで発覚しました。

しかし、消費期限偽装や賞味期限偽装のなかには、敢えて報道するに値するものかと疑問を抱かざるを得ないケースも多々ありました。確かに「偽装」は法律違反ですが、健康被害を受けたという事例があるわけではありません。

消費期限切れ、賞味期限切れの食品を廃棄処分にするほうが、よほど環境には悪いと思ったのは、私だけでしょうか。新聞やテレビは、そういった問題には触れず、表面的な「事象」でしか報道しません。

なかには重箱の隅をつつくような報道もありました。

シュウマイで有名なメーカーの製品の原材料表示について、本来は重量順でなければならないのに、それに違反していたというニュースです。

確かに法律違反ですが、ニュースで取り上げるほどの重大性はなかったのではないでしょうか。まさに「過剰反応」という感がぬぐえません。

そこには「食品偽装」に社会的な関心が集まったという背景があります。

ここで「食品偽装問題」を取り上げた目的は、もう一つあります。

賞味期限、消費期限を偽装すればメディアに叩かれ、企業は社会の批判の的になります。なかには廃業に追い込まれた事例も多々あります。

しかし、メディアの「報道偽装」に関しては、あまり社会的に追及されないというのは、偏った見方でしょうか。報道に間違いがあれば、新聞なら片隅に小さく「お詫びと訂正」が出ますが、ほとんど目立ちません。報道する側の意図的な「偽装」「ねつ造」で、責任者が責任を取らされた、あるいは報道した会社が廃業に追い込まれたというニュースも聞きません。

言わないコメントが新聞紙面に出た

テレビのヤラセ問題にも共通することですが、報道にも「過剰な演出」「過剰な表現」はつきものです。

先日、知り合いが社長を務める企業がサイバー攻撃に遭いました。その会社は、オンラインゲームを運営していますが、ハッカーたちによって会社の生命線であるオンラインが妨害を受けたのです。攻撃は数日に及び、その間、「攻撃を止めて欲しければ、100万円支払え」という脅迫メールも届いたといいます。

社長はメディアの取材を受けます。

その一つにY新聞がありました。

記者はこう尋ねます。

「どうですか、攻撃を受けている間は心配でしたでしょう」

「ええ、まあ、そうですね」

「夜も眠れないほどではなかったですか」

社長は、対策のメドがついたことで、さほど心配していなかったといいます。

そこで、「いや、それほどでもないですよ」と受け応えます。

ところが翌日のY新聞には、社長のコメントとして、

「心配で夜も眠れませんでした」

という文字が躍っていたといいます。

こういうケースでは、記者はあらかじめ記事の内容をほぼ固めてから取材します。電話取材は、その内容が間違いないかどうかを確認するという位置づけになることもしばしば。さらに被害者が「さほど心配していなかった」というのでは、事件そのものが矮小化され、記事もインパクトが弱くなってしまいます。「夜も眠れないほど心配だった」と書いた記者は、まさに確信犯です。しかし、この程度は日常茶飯事で、「偽装」とまで騒がれることはありません。

PART5

発信する

第1節　相手の腹の内を探って妥協点を見い出す

〜之を策りて損失の計を知る〜（虚実篇）

敵情を視察して、何を企んでいるか見抜け。敵に揺さぶりをかけて、どういう反応を示すか、敵が何を考えているかを探れ。そして敵の弱点、攻撃するべき点を探り出せ。

『孫子』は兵法書です。戦争で相手に勝つための戦略・戦術を説いていますが、最も理想とするのは、戦わずして勝つこととしています。いざ戦争ともなれば、戦争に巻き込まれる民衆は苦しみ、兵士も死傷するからです。

そこで、巧みな外交や交渉が求められるのです。交渉はお互いが満足し合える落としどころを探る作業です。いわば問題解決を図るプロセスであり、そこには腹の探り合いや駆け引きも伴います。そして情報収集や、信頼関係に基づく情報の交換も行なわれます。交渉に臨むにあたっては、まず交渉の目的を明確化し、交渉そのものの「構造」をしっかり把握しなければなりません。交渉の相手は誰か、争点は何か、妥結の可能性は、などを明確にします。

ここで情報は大きな役目を果たすことになります。

本章では、情報をどう使い、どう伝えるかのノウハウを研究してみます。

「尖閣諸島事件」日中の駆け引き

２０１０年秋に発生した、「尖閣諸島中国漁船衝突事件」をめぐる日中の駆け引きをケーススタディとして取り上げてみます。この事件は、熾烈な企業トラブルの駆け引きを有利に進める上で、参考になることも多いからです。

２０１０年９月７日、日本の領海内の尖閣諸島沖で違法操業を行なっていた中国漁船が、日本の海上保安庁巡視船に体当たりした事件が発生しました。

海上保安庁は、体当たりした漁船の船長を逮捕、船員も同漁船と一緒に石垣島に連行します。中国政府は「尖閣諸島は中国固有の領土」という主張のもと、中国人船長と船員の即時釈放を求めます。

日本政府は難しい政治判断を迫られます。

国内法にのっとり、中国人船長を起訴するか。

中国の圧力に屈して、船長を釈放するか。

前者の場合、日中関係に亀裂が入ります。経済大国に発展した中国に大きく依存するようになった日本の経済界は大きな打撃を受けます。

後者の場合、当面の日中間は表面上は良好な関係を保つことができます。しかし、日本の威信は大きく傷つきます。中国はさらに日本に対し強硬に出てくることが予想されます。

日本政府は、当初、船長を逮捕・起訴するつもりでした。9月19日に石垣簡易裁判所は、中国人船長の拘留期間を10日間延長します。その直後から中国の対日強硬姿勢が始まり、両国の神経戦、情報戦が幕を切って落とされます。

9月19日、中国政府は日中間の閣僚級以上の交流停止を発表。

20日、中国在留中のフジタ社員を「不法に軍事管理区域を撮影した」との理由で拘束します。

23日、中国の税関でレアアースが輸出停止になっていることが発覚します。

中国政府としては、もし日本に対し少しでも譲歩した姿を見せると、国内の不満が一気に共産党政権に向けられかねないため、一歩も引くことができません。

そして日本の弱点を巧みに突いてきます。

❖交渉相手の弱点を徹底的に突く

フジタ社員の拘束は、スパイ容疑でもかけられれば最悪、死刑も考えられます。そうなるとときの管政権は持たなかったでしょう。

さらにレアアースは、世界の産出量のうち95パーセントを中国が占めている状態です。もしレアアースの対日禁輸が長引けば、日本の産業界に打撃を与えます。

いずれも交渉相手の弱点をしっかり把握しての、対抗措置でした。

拘束されたフジタ社員は、軍事施設とは知らなかったと後日証言しており、事実、軍事施設に通じる道路の入り口には、立ち入りを制限するような標識、あるいは軍事管理区域を示す標識はありませんでした。つまり、船長拘束に対する報復措置であり、交渉カードを握るための拘束だったのです。

9月23日、仙石由人官房長官の了解のもと（というより指示のもとというのが真相かもしれませんが）、外務省職員が那覇地方検察庁に出向きます。そこでどのような話し合いが行なわれたか詳細は伝わってきませんが、表向きに出された見解は、「国際情勢についての説明」ということです。

翌24日、那覇地方検察庁が、中国人船長を処分保留で釈放と発表します。仙石官房長官は、船長の釈放は検察独自の判断でなされたと述べ、これを容認する姿勢を示しました。

しかし、大半の見方は仙石官房長官を中心とした政府の指示によるものとなっています。

たとえば検察は事件の処分について発表するとき「法と証拠に基づいて、このような処分を決定しました」という文言を入れるのが通例となっています。その代り「外交関係に配慮した」という文言が付け加えられています。これは法務省幹部が、「船長釈放はぬぐいきれない恥辱」として、敢えて付け加えることになったといいます。

さらに仙石官房長官をはじめとする日本政府首脳は、相手の出方を読み違えたふしがあります。少なくとも、船長を釈放すれば中国側も態度を軟化させるという「甘い読み」があったように見受けられます。

ところが中国政府は船長の〝不法逮捕〟に対する謝罪と賠償を要求してきます。

フジタ社員が釈放されたのは9月30日。ただし拘束された4人のうち3人だけが解放されます。水面下で、フジタ社員の釈放と中国人船長の釈放の裏取引があったかどうかは、定かではありません。前日に非公式に民主党の細野豪志幹事長代理が訪中します。そこでどんなやり取りがあったかも不明です。

が、中国は1人を拘束し続けることによって手元に取引の「カード」を残しておいたことになります。したたかな中国外交に翻弄されつづけているわけです。日本の対応は、情報収集と分析といった情報戦において、中国側に大きく後れを取っている感がぬぐえません。

中国の温家宝首相は、訪れていたニューヨークで、「われわれは必要な強制的措置を取らざるを得ない」と、異例の強い口調で圧力をかけてきます。こういったプロパガンダに対し、日本政府は常に劣勢に立たされているという印象がつきまといます。

身内からの反乱で失態が暴露

日本政府は、とにかくコトを丸く収めようと腐心するあまり、先を読み違えました。とくに国内の反発もここまで大きくなるとは想定外だったのでしょう。とくに身内からの〝反乱〟までは考えが及ばなかったと思われます。

海上保安庁によって撮影された中国漁船が巡視船に体当たりしている映像が、インターネットによってＹｏｕＴｕｂｅに流されました。映像を公開させたのは、ハンドルネームSENGOKU38こと一色正春氏。当時、海上保安庁の保安官でした。明らかに中国漁船から故意に体当たりしたことが証明される証拠の映像が、そのまま闇に葬られることへの危惧、日本が海外からの「侵略」にいかに無防御であるかを暴くための映像流出でした。

これは現場でどのようなことが起こっているか知りたいという国民の要望、そして現場の人間の危機感、正義感を政府は明らかに読み違えていました。

中国漁船衝突事件とその後の対処のまずさから、ときの管政権は支持率を一気に下げてしまいます。

❖「意図」は簡単に見抜かれる

先述しましたが、ネット上の情報には、かなり「意図的」に事実を歪曲したデータや情報が流されることがあります。メディアが伝えるウソについても、読者・視聴者はそのまま信じるほど愚かではありません。たとえばテレビＣＭで流される宣伝文句を１００パーセント信じる人は、なかなかいないでしょう。

いくらテレビＣＭで、

「おいしい」「楽しい」「きれいになる」と連呼されても、そこには商品を売りたいという広告主の意図が透けて見えます。そこで信憑性が持たれるのが「口コミ」です。フェイスブックやツイッターのようなネット情報が信用されるのは、実際に利用したお客さんの「意図」のない意見があるからです。「食べログ」でレビューの「やらせ評価」があったものの、そこで流される情報が信用されるのは、実際に利用したユーザーの「評価」があるからです。お店を宣伝しようという意図もなく、まさに公平・中立な「情報提供」にほかならないのです。

飲食店などでは、「行列ができる」という状況は、それを見た人に「あの店は流行っている。おいしいに違いない」とアピールできます。ところが、ここでも「やらせ行列」による、いわば情報操作が入る余地があります。

外資系のアイスクリーム・チェーン店が日本に上陸したとき、その1号店の開店日に長い行列ができたことがニュースで取り上げられました。

ところが、その大半が店側に雇われたアルバイトでした。しかし、長い行列ができたことで、世間に「流行っている」「並んででも食べる価値がある」と思わせ、さらにニュースで取り上げられるという効果も出たのです。いわば「サクラ」を使っての、宣伝でした。

しかし、その「意図」が見透かされてしまっては、逆効果になってしまいます。

大手ハンバーガーチェーン店がそれで蹉跌をきたしました。

2008年12月、大阪・御堂筋にある店舗で新製品のハンバーガーを販売します。翌日、企業のウェブで公開されたプレスリリースには、

「新製品のセット販売のみで、最高記録更新」

と書かれていました。

発売当日は、徹夜組を含めておよそ3000人の大行列ができるなど、1万5000人のお客が押し寄せます。メディアでも取り上げられ、大きな宣伝効果を上げることになります

ところが、行列のうち1000人が雇われたバイトだったことが、あとで判明します。この企業から依頼されたマーケティング会社から大手の人材派遣会社に行列要員のアルバイトが募集されたのです。ネット上で「楽ちん！　新製品を並んで買って、食べるだけのお仕事」との募集広告で、アルバイト1000人が集められます。アルバイトには時給1000円と商品購入のためのプリペイドカードが支給されていました。

このことが判明し、追求されるとハンバーガーチェーン店は、「サクラを集めたのではなく、モニター調査を行なった」

という苦しい言い訳をします。

しかし、世間はそうは受け取りません。少なくともプレスリリースにあった、「最高記録」にはアルバイトによる「水増し」があったわけです。それよりニュースで取り上げられたあの行列は「すべてヤラセだったのか」という印象を与えてしまったのです。「意図」を見透かされて、イメージダウンを余儀なくされました。

ＴＶニュースや記事などパブリシティに取り上げてもらいやすいような企画をしてメディアリリースを仕掛けるＰＲ専門会社もあり、メディア側もきちんと確認取材などをせずに流す場合もありますので、よくよく注意が必要です。

「意図」がないから支持された

まったく流行らなかったレストランが、ツイッターによる情報発信によって、たちまちお客が押し寄せる繁盛店になったケースを紹介します。

それまで閑古鳥が鳴いていたのは、東京・板橋にあるネパール料理店『だいすき日本』。ツイッターで情報を発信していたのは、店主のビカスさん。店主が発信していた情報は店の宣伝ではありません。お店があまりにヒマなため、愚痴をこぼしていたのです。

「どうすれがいいのでしょうか??　ここまで　なるとおもってませんでした。ねつでちゃいそうね　いまのところおきやきさん　こない　ちらしもないよ　500まい　つくったけど　おわりました」

「きようも　とってもつらいランチでした　ひとくみでふたりでおわってしまった　ちらし　くばりとかやってますけどちらしもってきたきやくは　いまのところ　きてない　びかす　どうなっちゃうだろ　ほんとに　こわくなってきました」

正確に言うと、ビカスさん本人がツイートしているわけではなく、管理人が本人のメールをツイッター上で公開しているのですが、これが徐々に評判になっていきます。「弱気な店主」の哀愁ただよう「つぶやき」がお客を呼び寄せます。店主の「つぶやき」には宣伝しようという意図が感じられず、本音で吐露する心情が共感を呼んだのでしょう。飾り気ない、たどたどしい日本語（ビカスさんはネパール出身）が、必死さ、誠実さを訴えかけます。

お客は、この店に料理の味ではなく「癒し」を求め、なんとかしてあげたいという同情心を刺激されたのです。もし、他の料理店でこの手法をマネして、宣伝したとしてもうまくいかないでしょう。そこには「意図」が感じられ、「あざとい」という印象を与えるからです。

第2節　自らを逃げ場がないところに追い込む

～死地には、吾れ将に之に示すに活きざるを以てす～（九地篇）

死地なら、死力を尽くして戦う以外に生き延びる術がない。そこで敵に包囲されたら命令されなくても奮戦するし、戦わざるを得なければ底力を出し、絶体絶命に追い詰められれば、司令官の命令に従順になる。戦場における人間の行動を支配するもろもろの要素は、司令官が細心の注意を払って追及すべき問題である。

「背水の陣」という言葉があります。一歩も退けないような絶体絶命の状況をいいますが、使われ方としては、「追い詰められる」というより、あえて自らを苦境に追い込み、全力で臨むという前向きなケースが多いようです。「背水の陣を敷く」といったような能動的な意味合いが多いのです。この背水の陣という言葉は、中国の故事に由来します。

漢軍と趙軍が衝突します。漢の韓信は、あえて川を背にして、軍が退けば川でおぼれ死ぬような捨て身の態勢をとります。川を背に陣取るなど兵法に反します。しかし韓信の思惑通り、漢の兵士たちは決死の覚悟で戦い、勝利を収めます。

この故事から、逃げ場がない状況で失敗すれば滅亡する覚悟でコトに当たることを「背水の陣」といいます。

背水の陣は、『史記』に出てくる言葉ですが、その戦略思想は『孫子』にまでさかのぼります。『孫子』では、用兵の視点から見て、地形を九つに分類しています。そのうちの一つが「死地」で、必死の思いで奮戦した場合だけ活路を見いだせるような地形を指します。死地においては、死を賭して戦い抜き、勝利したときのみ生きながらえることを知る必要があると孫子は言います。

この戦略が、一見無関係に思える、企業間や、社内ライバルとの「情報戦」にも生かせるのです。

戦略を狭めて強敵を撤退させる

「情報戦」に入る前に、もう一つ戦場におけるケーススタディを挙げます。

前述の「背水の陣」をもう少し簡単な構図にして、採るべき戦略を探ります。

A軍1000人、B軍600人がにらみ合っています。それぞれが持っている武器の性能はほぼ同じなので、兵士数で上回るA軍がはるかに有利です。A軍はB軍の陣地を狙い、総攻撃をかけようとしています。

A軍がB軍陣地を強襲したとき、A軍の勝利となりB軍は全滅、陣地もA軍のものとなります。しかしA軍もB軍と同じ兵士の損害を受けます。また、川を背に陣取っているB軍には全兵士が船で撤退するという手段も残されていました。

それぞれが選択できる戦略は「戦う」と「撤退」の二つがあります。それぞれのメリット、デメリットをA軍、B軍の立場で考えてみます。まずメリット、デメリットを数値化します（これを利得といいます）。デメリットを、そのまま兵士数の損害とします。

すなわち兵士の損失をそのままの数値で示し、「戦死100」なら－100とあらわします。そして、メリット（利得）である、「敵地占領」を、兵士の損失の価値尺度に置き換え、ここでは仮に＋100としましょう。

●A 軍と B 軍の利得表

	B 軍 戦う	B 軍 撤退
A 軍 戦う	−500, [−700]	+100, [−100]
A 軍 撤退	0, [0]	0, [−100]

（数値は左が A 軍、□囲みが B 軍）

B軍から見れば、A軍に陣地を奪われたとしたら、−100となるわけです。

A軍とB軍がまともに正面衝突したケースでは、

A軍の利得は、敵地占領の利得−兵士損失、つまり100−600で−500

B軍の利得は、兵士損失、つまり−600と領地損−100で−700

A軍が戦い、B軍が撤退したときは、A軍の利得は、+100（戦死者0）

B軍の利得は−100

逆にB軍が戦い、A軍が撤退したときは、A軍の利得は0、B軍の利得は、陣地を守り抜いたことで0

両軍が戦わずしてともに撤退したと

きは、A0、B－100です。

これをもとに、A軍B軍のそれぞれ「戦う」「撤退」の選択を縦軸、横軸に置いたマトリックス表を作成します。これをとくに利得表（前頁の図）といいます。

この利得表の数値を算出する兵士の命と陣地の価値は、あくまで相対的なもので、状況によって変わってきます。またA軍とB軍では価値尺度が異なるのは当然です。

この利得表によって各プレーヤーが採る戦略の利得を計算するやり方は、「ゲーム理論」と言われるものです。

ここでA軍が、戦わずして撤退することは考えにくく、B軍としては、背後の川に浮かぶ船で撤退するやり方が最も賢いと思われるでしょう。

しかしB軍は、予想外の行動に出ます。川に浮かぶ船をすべて焼き払ってしまったのです。まさに「背水の陣」を敷いたわけです。B軍が採りうる戦略で「撤退」という手段は消えてなくなりました。

次にどういう戦略を選択するか迫られたのがA軍です。

「戦う」か「撤退」するか。

利得表では、撤退したときの利得は「0」、戦ったときの利得は「－500」。

つまり戦わずに撤退するほうがメリットが大きいという結果です。

ここでA軍は再度、考えます。兵士600人の損害と、敵陣地のどちらが大事か。A軍は陣地奪取より兵士の損害を大きく見て、戦わずして撤退します。

圧倒的に有利に見えたA軍の実質的な敗退です。

ここで、B軍が採った戦略――船を焼き払って戦う姿勢を強くアピールした行動をゲーム理論ではとくに「コミットメント（＝約束）」といいます。自らの手の内を明らかにし、さらに選択できる戦略を狭めることで、自らを有利に導きます。

❖手の内をすべてバラして交渉を有利に進める

交渉や競争においては、相手の手の内を読み、こちらの手の内をできるだけ明かさないようにするのが、「勝つ」秘訣です。そこでありとあらゆる情報収集、そしてその分析が勝敗を決することになります。

ところが「コミットメント」によって、こちらの戦略を大っぴらに公開してしまう戦略もあります。

たとえば次のようなケース。

A社は東京に本社を置く大型ドラッグチェーン店で、新たな出店候補地を千葉県か神奈川県に挙げています。ところがライバルのB社も同じように新規出店を検討し、やはり千葉県か神奈川県が候補に挙がっていることが判明します。

情報戦が始まりました。相手の資本力や候補地となっている商圏のマーケティングなどが綿密に調査されます。もし、A社、B社が同じ地域に出店すればお互いにパイを奪い合うことになり、売り上げは落ちます。A社、B社はそれぞれ千葉と神奈川に出店したケースを想定して、売り上げの見込みを立てました。

A社が神奈川に出店　B社が千葉に出店　A社　5億円の売り上げ　B社　4億円の売り上げ

A社が千葉に出店　B社が神奈川に出店　A社　4億円の売り上げ　B社　4・5億円の売り上げ

A社B社ともに神奈川に出店　A社　3億円の売り上げ　B社　2億円の売り上げ

A社B社ともに千葉に出店　A社　2・5億円　B社　1・5億円の売り上げ

以上のような利得が考えられます。

A社が、相手の出方を探っている間に、B社は記者会見で「神奈川に出店する」と高らかに宣言します。しかも用地まですでに入手しているとのこと。

B社は、いわば自らの戦略を公開することによって「退路」を断ったという見方もできますが、「早いもの勝ち」の戦略を採ったともいえます。

A社の戦略と利得は、「神奈川に出店　3億円」か「千葉に出店　4億円」かのいずれかになります。もしA社が、B社に対して強いライバル心を持っており、多少の利益を犠牲にしてでも対抗しようとしない限り、つまり純粋に利益を追うのであれば、「千葉に出店　4億円」の戦略と利得を選択することになります。

B社はベストの4・5億円の売り上げをゲットし、A社はベターの4億円の売り上げをゲットしたのです。

流した「情報」に信憑性を持たせる

ここで注意しなければならないのは、流した情報（＝コミットメント）に十分な信憑性を持たせなければならないことです。実行できるための十分な実力がなければ、先手必勝とはなりません。

「やる」といいながら実行できなければ、やがて「オオカミ少年」のレッテルを貼られ、コミットメントの効果はまったくなくなります。

B社の場合、「すでに用地を買収してある」という情報が、その強い意志と実行できる資本力を証明しています。

PART2で為政者による情報操作について説明しました。

民主化された日本では、政府による情報統制など行なわれないと思われるかもしれません。しかし、先述したような厚生労働省の「恣意的」ともとれるタイミングでのデータ公開のような「世論の誘導」のようなことがないとも限りません。また世論をミスリードさせるような権力側の情報操作は皆無とは言えないのです。

いくつかの実例を挙げましょう。

「密約事件」を「女性問題」にすり替える

1971年の「西山事件」（別名、「沖縄密約事件」「外務省機密漏えい事件」）。ことの発端は、1971年に日米間で交わされた沖縄返還協定にからみ、その裏で日米間で密約があったことを示す機密文書を毎日新聞政治部記者（当時）西山太吉氏が入手したことから始まります。この事件を題材にした小説『運命の人』（山崎豊子著）が発表され、つい最近（2012年）テレビドラマ化もされたので、事件の経緯をご存じの方も多いと思います。

西山記者はこの機密文書を日本社会党議員に提供、政府は国会で追及されます。世間は厳しく政府を非難します。

しかし、佐藤栄作首相をトップとする日本政府も密かに反撃のチャンスをうかがいます。政府はまず、情報源がどこであるかを密かに調べます。

実は西山記者は、外務省の女性事務官に近づき、「不適切な関係」にいたったところで、外務省極秘電文のコピーを持ち出させていたのです。政府がこの事実をつかむと一気に「反撃」に出ます。西山記者と女性事務官は外務省の機密文書を漏らした罪（国家公務員法違反）の疑いで逮捕されます。

当初は多くのメディアも、2人の逮捕を政府による言論弾圧と非難し、西山記者を擁護するスタンスを取ります。

政府はさらに西山記者と女性事務官が不倫関係にあったことを『週刊新潮』にリーク、さらに東京地検特捜部の起訴状には、2人の不倫関係をうかがわせる「ひそかに情を通じ、これを利用して……」という文言をわざわざ入れます。

これで世間の風向きは一変します。日米謀議を暴く大スクープが、ライバル社のOLをたらしこんで、機密文書をもってこさせる企業スパイドラマに変わってしまったのです。

まず西山記者が所属する毎日新聞社の腰が引けます。起訴状が出された日、紙面に「本社見解とおわび」と称する記事を掲載します。その内容は——。

「両者の関係をもって、知る権利の基本であるニュース取材に制限を加えたり新聞の自由を束縛するような意図があるとすればこれは問題のすりかえと考えざるを得ません。われわれは西山記者の私行についておわびするとともに、同時に、問題の本質を見失うことなく主張すべきは主張する態度にかわりのないことを重ねて申し述べます」

というもので、情報を取得する過程において「不適切な手段」があったことについては謝罪したものの、密約問題については今後も追及する姿勢を見せていました。ところが、毎日新聞は、その後追求することはありませんでした。

テレビのワイドショーや週刊誌でも、西山記者と女性事務官がともに既婚者であったことなどを面白おかしく取り上げ、密約問題に対する世間の関心は薄れてしまったのです。政府の責任を追及する声も消えていきました。

まさに政府の情報操作が成功したケースといえるでしょう。

その後、大手メディアの政治部が、国家機密に関する問題でスクープすることはありませんでした（朝日新聞がリクルート事件をスクープしたときも、政治部ではなく社会部でした）。

ちなみに毎日新聞は、この事件がきっかけで不買運動を起こされ、部数を激減させます。朝日新聞と並んで「二強」と言われていましたが、やがて「三大新聞」の朝日新聞、読売新聞に部数を大きく開けられてしまい、1977年には毎日新聞社は一度〝倒産〟に追い込まれています。

権力者は、自らの地位を危うくする存在は徹底して排除しようとします。そして自分たちに都合のいい人間だけを情報発信者としようとします。

❖情報操作のために国民の税金が使われている

官庁が使う経費の一つに「報償費」というものがあります。たとえば内閣官房長官の判断で支出される報償費は「内閣官房費」、外務省報償費は「外務機密費」といわれます。それぞれ国政、外交がスムーズに行なわれるようにするのが使途目的で、領収書は不要、会計検査院の監査も免除されます。そのためときには不正使用の温床ともなっていました。

かつて宇野宗佑内閣の官房長官だった塩川正十郎は、テレビで、「マスコミ懐柔のため、著名言論人にも配っていた」と暴露しました。その証言を裏付けるように、小渕恵三内閣の官房長官だった野中広務は、「複数の政治評論家にも盆暮れに数百万円単位で配られていた。返してきたのはジャーナリストの田原総一朗氏だけだった」と暴露しています。

金銭の提供は、テレビで情報発信する著名人に、あからさまな政府批判を抑えてもらおうという意図が明らかです。

逆のケースもあります。

２０１２年４月現在、民主党政権は消費税アップに関する法案を通そうと躍起になっています。そこで気になるのが、大新聞、テレビで消費税反対論者の出番が少なくなっている気がしてならないという点です。メディア関係者からは、「内閣と財務省の圧力で、消費増税反対論者が新聞、テレビから排除されている」という声も伝わってきます。

政治評論家の森田実氏は、こういった状況を危惧し、「マスコミが政治権力の手先になってはならない」と警鐘を鳴らしています。

（しつこいようですが、ここでは消費増税の是非については論じるつもりはありません。あくまでその情報の伝え方、捉え方という視点で論じていきます）

情報の受け手である読者、視聴者は、こういった情報規制があることを前提に新聞やテレビが流す情報に接したいものです。

第3節　消費者に「生」の情報を伝える

〜言うとも相聞こえず、ゆえに金鼓を為る。視すとも相見えず、ゆえに旌旗を為る〜

（軍争篇）

戦場においては人の声は聞こえない。そこで命令には鐘や太鼓を用意しておく。指し示しても見えないことから、旗や幟を用意しておく。つまり鐘や太鼓、旗、幟は兵士たちの注意を一点に集中させるためのものだ。臆病な兵士も勝手に退くことができず、勇猛果敢な兵士も勝手に突撃することができない。軍隊を統率させるコツである。

『孫子』のこの言葉は、さらに古い兵法書『軍政』からの引用です。口で言っても戦場では声が届かないから銅鑼《どら》や太鼓で指示し、指さしても見えないから、旗を用意するという意です。

これは戦場における意思伝達の重要性を説いたものですが、ビジネスにおいても同様のことが言えます。

上司と部下の意思伝達や情報の正確なやり取りが求められます。

このことは商品の「売り手」と「買い手」にも同様のことが言えます。正確な情報を伝達させるには、単にチラシといった紙媒体だけでなく、フェイスブックやツイッターなどインターネットを通じた情報伝達、映像を使った情報伝達など、ケースバイケースで使い分けるようにします。

❖売り手と買い手のコミュニケーションを充実させる

食の安全性に対する信頼感が揺らいでいます。

原因の一つに、「偽装」問題があります。産地の偽装、消費期限の偽装など。いわば偽情報を流す一部企業の問題行動で、スーパーに並ぶ商品の表示に対する信頼感が薄らいだこと。もう一つは、原発事故における放射線の問題。３・11の震災以後、とくに原発事故に対する政府の情報出し惜しみに対し、一気に不信感が高まりました。

被災地で生産される農作物や魚介類に対する風評被害は、正確な情報が伝わらないことの証でもあります。

スーパーなどは、食品表示にも工夫を凝らすようになってきました。有機農法による野菜などは生産者の名前と顔写真まで表示、顧客に少しでも安心感を与えるようにするところもあります。

「売り手」と「買い手」のコミュニケーションを充実させて、売り上げを伸ばす小売店もあります。

❖映像モニターで市場情報を流すサミット

住友商事の子会社が運営するスーパーマーケットチェーンに「サミットストア」があります。食品ストアとして展開し、伊丹十三監督作品の映画『スーパーの女』の撮影にも協力したことで知られています。

このスーパーの特徴は、一部の店舗内に大型の映像モニターを設置しています。そこでは築地市場や大田市場からの情報を流します。

「生鮮市場のプロが選ぶ今日イチ押しの新鮮食材」と題して、たとえば広島から入荷したかきを紹介、市場の生の声で情報を届けます。この映像はインターネットで流されている買い物サイト「ミスビット」から引用したもの。

別のモニターでは、牛肉のパックを抱えた同店の精肉担当者が、「国内産牛肩ロースが表示価格の半額のお買い得」と声を張り上げます。開店前に精肉部門だけでなく、青果担当者や鮮魚担当者が収録した十数秒の販促映像が繰り返し流されるのです。あるいは大田市場や築地市場からバイヤーがお勧めの商品を紹介したりします。

チラシだけではなかなか伝わらない情報を、しかも当日の真新しい情報を伝えられるのは、まさに映像ならではの伝達手段といえます。

スーパー店内のお客はこの映像を見ながら買い物をするため、映像モニター「サミットビジョン」で紹介された食材の売り上げが急伸します。

この情報伝達のもう一つのメリットは、速報性があること。チラシなどの紙媒体では、どうしても速報性という意味では劣ります。しかし、映像ならその日のうちに消費者に情報が伝えられるので、新鮮さが求められる鮮魚や野菜などの情報伝達にはもってこいなのです。

自社のマイナスを公表することで信頼を勝ち得る

企業が顧客に伝えるメッセージに、偽りがあってはなりません。商品に関する情報に虚偽があれば、信用を一発で失ってしまうからです。

２００２年に発生した「雪印牛肉偽装事件」などは、その好例です。ハム、ソーセージなど肉製品の製造を行なっていた雪印食品は、ＢＳＥ（通称・狂牛病）問題が発生し苦境に立たされていました。そこで雪印食品は、ＢＳＥ問題に絡んで農林水産省が設けた国産牛肉買い取り事業を悪用することを思いつきます。買い取りの対象となっていない外国産牛肉を国産牛と偽って、農水省に買い取らせたのです。

この事件が発覚後、雪印食品は信用を一気に落とし、企業は清算するまで追い詰められてしまいました。

企業は目先の利益より、信用を優先させるべきなのです。

企業にとって都合の悪いことでも、消費者の利益になる情報を積極的に公開することで信用を勝ち得るのです。

製薬ヘルスケア製品を扱うジョンソン＆ジョンソンは、アメリカで自社製品の鎮静剤に毒物を混入されるという事件に巻き込まれます。

ジョンソン＆ジョンソンは、素早く対応します。まず、この事実を全国民に公表。さらに全商品の回収を行ない、経営者自らがテレビで自社の鎮静剤を使わないように国民に訴えかけたのです。

自社の利益より消費者の安全を最優先に考えた同社の信用は高まり、事件が沈静化したあと、売り上げが落ちることはありませんでした。

企業の信用問題だけでなく、個人と個人のつき合いにおいても、同様のことがいえます。「オオカミ少年」の逸話では、「オオカミが来た！」という少年のウソに、大人たちは何回かはだまされますが、いまの人間関係においては、「一回のウソ」で信用は失墜します。

一度失ってしまった信頼を回復するには、膨大なコストがかかるという事実を知っておきましょう。

身近な話に次のようなものがあります。

顧客を得るには、目先の利益より誠実な情報を流す

主婦のAさんは、普段の買い物は自宅から10分ほど歩いたところにあるスーパーですませていました。しかし野菜はたまたま自宅近くにある青果店ですませていました。

ある夏、その青果店の店先にスイカがズラッと並べてあります。

店主が、たまたま通りかかったAさんに声をかけます。

「奥さん、今日はスイカがお買い得だよ！」

「おいしいの」

「甘味があって、おいしいよ」

そんな会話を交わし、店主の言葉を信じてスイカを買います。

ところがそのスイカは、店主の言葉とは裏腹に、とても甘味があるようなシロモノではありませんでした。

Aさんはそれでも店主を疑うようなことはせずに、

(たまたま、私が買ったスイカがおいしくなかったのね。運が悪かった)

と自分に言い聞かせていました。

ところが年が明けて数か月後。今度は、店主にイチゴを勧められます。

「とっても甘味があって、おいしいよ」

スイカの一件があったので躊躇しましたが、Aさんは店主に勧められるがままにイチゴを買います。ところが、そのイチゴもおいしくありませんでした。しかもパックの下のほうにあるイチゴは、半分が腐っているような状態でした。

Aさんが、その青果店を二度と利用しなくなったのは言うまでもありません。

ほどなくその青果店も潰れてしまいます。

目先の利益に目がくらんで、顧客に虚偽の情報を流すといった不誠実なスタンスは、あっという間に信用を失墜させるのです。

おわりに

情報が持つ「魔力」が、戦場やビジネスの最前線、そして日常生活においてどのように影響を及ぼすかを紹介してきました。

人間は、五感をフルに活動させ外界の状況を把握し、自らの行動を決断します。これは生まれてから死ぬまで一生続くもので、それゆえに一つの情報が、その人の生き方を変えると言っても過言ではないでしょう。

情報の威力が及ぶのは、人だけではありません。

情報が国家や企業の存亡に関わるケースも珍しくないのです。

最後に、情報が企業や国家に与えた影響で明暗を分けた例を二つ紹介しましょう。

ヨーロッパに銀行を設立するなど、世界有数の財閥のなかでもロスチャイルド家はとくに大きな存在です。そのなかでロンドンに渡ったネイサン・ロスチャイルドは大成功を収めました。そしてその飛躍のきっかけとなったのは、一つの「情報」でした。

当時、ネイサンはヨーロッパでナポレオンが席巻するなか、金融取引で活躍していました。しかしヨーロッパの情勢がネイサンのみならず、イギリスの将来に暗い影を落としていました、ナポレオンの台頭です。

そしてついに、イギリスはナポレオン1世率いるフランス軍と衝突することになります。

その天王山が、「ワーテルローの戦い」でした。

イギリスは世界経済の中心でしたが、この戦いに敗れれば、その座をフランスに奪われるという状況でした。

しかしオランダと連合を組んだイギリス軍は、フランス軍を破ります。

ネイサンはナポレオンの敗退の一報を独自のルートでいち早く入手します。

ここからがネイサンの凄いところ。イギリスが勝ったのですから、イギリスの株価や国債が上昇することは目に見えています。そこで株を大量に買えば、大儲けできます。

しかし、ネイサンはセオリーとは逆の行動に出ます。

猛烈な「売り」に出たのです。ネイサンの情報網を知る市場は、彼の「売り」を見て、

「ナポレオン軍が勝利を収めた。イギリスは負けた」

と判断。即座に反応していっせいに「売り」に転じたのです。株価と英国債は大暴落。その直後にネイサンは「買い」に転じます。紙屑同然まで暴落していた株を大量に買い占め、証券取引所が閉まったあとで、ネイサンは上場されていた英国債の実に62パーセントを買い占めていました。

ナポレオン軍の敗北が市場に伝わると株価と英国債の価格は急上昇。３００万ドルだったネイサンの資金は、実に２５００倍の75億ドルまで膨らんだといいます。

ネイサンの大成功の要因は、ナポレオンの敗北の情報をいち早く入手できたことともに、「ネイサンの逆売り」といわれる「情報操作」です。

市場に誤ったシグナルを送り、他の投資家を欺くことで、莫大な大金をゲットできました。

ときは下って第2次世界大戦。

緒戦は優勢だった日本軍も、次第に国力で圧倒するアメリカに押されるようになっていきます。１９４４年に入って、マリアナ沖海戦で敗北を喫し、戦力を急激に減らします。7月にはサイパン島陥落、いわゆる「絶対防衛圏」を破られるに至ります。

このままアメリカ軍の侵攻を許せば、インドネシアあたりの石油といった資源が本土に届かなくなる懸念がありました。

日本軍は陸海軍の戦力を集結し、侵攻してくるアメリカ軍を迎え撃つという作戦を立案します。そのうちの一つが捷一号作戦といわれるもので、フィリピンに上陸するアメリカ軍を叩こうと目論んでいました。

作戦の概要は、空母を主力とした機動部隊（小沢部隊）が、アメリカの機動部隊をけん制、「オトリ」としてアメリカ艦隊を引きつけます。その間、戦艦を主力とする水上砲撃部隊（通称栗田艦隊、志摩艦隊、西村艦隊）がアメリカ軍上陸地点に突入するというものです。

10月22日、戦艦「大和」「武蔵」を擁する栗田艦隊はブルネイから出撃します。しかし、翌日にアメリカ軍潜水艦の攻撃を受け、栗田艦隊の旗艦である重巡洋艦「愛宕」が撃沈されます。旗艦を「大和」に移しますが、指揮システムを新たに構築しなければならなくなったため、のちの通信不備の遠因となります。

24日には、栗田艦隊はアメリカ艦載機の攻撃を受け、戦艦「武蔵」を失い、いったんは進撃を断念。しかし、連合艦隊司令部からの激励電文の入電があり、再びアメリカ上陸部隊が集結するレイテ湾を目指します。

オトリである小沢部隊はアメリカ機動部隊を発見、攻撃を敢行します。ハルゼー率いるアメリカ機動部隊はまんまとオトリに食いつきます。

しかし小沢艦隊の通信設備に不具合が生じ、この事実が栗田艦隊にも指令部にも伝えられませんでした。栗田艦隊司令官・栗田健男中将はオトリ作戦が成功しつつあるという状況を把握できません。

25日、栗田艦隊はアメリカ護衛空母隊を発見。レイテ島に攻撃を加えていたアメリカ軍は弾薬を使い切っていて攻撃力がまったくなく、全滅は時間の問題でした。しかし栗田艦隊は護衛空母1隻、駆逐艦3隻を撃沈したところで反転北上します。アメリカ軍は全滅の危機から逃れます。

これが後世、「謎の反転」と論議を呼ぶようになります。

なぜ、栗田中将がレイテ湾に突入することなく、戦場から離脱したのでしょうか。そのときの精神状態も大きく左右したことは想像に難くありませんが、一番の要因は、戦況を把握できなかったことにあるのは間違いないようです。

歴史にタラ・レバはあり得ないのですが、もしあのとき栗田艦隊がレイテ湾に突入していたら、と考えると歴史の大きな転換点になったかもしれません。

たとえレイテでアメリカ軍に大打撃を与えたとしても、アメリカ軍の侵攻を食い止めることはできず、日本の無条件降伏が遅くなっただけという見方もあります。

しかし、数日後に行なわれたアメリカ大統領選挙にも少なからず影響を及ぼし、アメリカ国内に厭戦気分が蔓延したかもしれません。

その意味で、栗田艦隊の「謎の反転」は大きかったといえ、その原因は情報伝達の不備にあったのです。

フェイスブック、ツイッターが駆使される現在、情報の収集、分析、使い方一つで国家や人の運命、ビジネスは大きく変わるのです。

本作品は当文庫のための書き下ろしです。

編集協力・木村光利

文芸社文庫

フェイスブック・ツイッター時代に使いたくなる「孫子の兵法」

二〇一二年六月十五日　初版第一刷発行

著　者　村上隆英　監修
　　　　安恒　理
発行者　瓜谷綱延
発行所　株式会社文芸社
〒一六〇－〇〇二二
東京都新宿区新宿一－一〇－一
電話　〇三－五三六九－三〇六〇（編集）
　　　〇三－五三六九－二二九九（販売）
印刷所　図書印刷株式会社
装幀者　三村　淳

ISBN978-4-286-12669-2

［文芸社文庫　既刊本］

定年と読書
鷲田小彌太

読書の本当の効用を説き、知的エネルギーに溢れた生き方をすすめる、画期的な読書術。本を読む人はいい顔の持ち主。本を読まないと老化する。

心の掃除で病気は治る
帯津良一

帯津流「いのち」の力の引き出し方をわかりやすく解説。病気の方はもちろん、不調を感じている方、「健康」や「死」の本質を知りたい方にお勧め！

戦争と平和
吉本隆明

「戦争は阻止できるのか」戦争と平和を論じた表題作ほか、「近代文学の宿命」「吉本隆明の日常」等、危機の時代にむけて、知の巨人が提言する。

忘れないあのこと、戦争
早乙女勝元選

先の大戦から半世紀以上。今だからこそ、風化した戦争の記憶、歴史の彼方に忘れられようとしている戦争の体験を残したい。42人の過酷な記録。

自壊する中国
宮崎正広

チュニジア、エジプト、リビアとネット革命の嵐が、中国をも覆うのか？ネットによる民主化ドミノをはねのけるべく、中国が仕掛ける恐るべき策動。